LOW CARB FÜR BERUFSTÄTIGE

Kochbuch mit 111 Low Carb Rezepten für Einsteiger, Berufstätige und Faule. Inklusive Erklärung der Low Carb Diät und 14 Tage Ernährungsplan.

2. Auflage 2018

ISBN-13: 9781976892134

Inhaltsverzeichnis

4

Vorwort

Der Büroalltag ist für viele Berufstätige oft Stress pur. Man hetzt von einem Termin zum nächsten Termin und Zeit hat man generell nie. Keine Zeit zum Essen, kaum Zeit zum Kochen, keine Zeit für Bewegung. Daraus folgt oft der Griff zu ungesundem Fastfood und mit der Zeit sammeln sich die Kilos auf den Hüften und am Bauch an. Wer kennt es nicht?

Für Berufstätige spielt gesunde Ernährung jedoch eine extrem wichtige Rolle. Mit der richtigen Ernährung sind wir leistungsfähiger und belastbarer. Aber am wichtigsten: wir sind gesund!

Wenn uns schon kaum Zeit für sportliche Betätigung bleibt, dürfen wir uns erst recht nicht mit fettigem Fastfood und Zucker vollstopfen. Wir haben nur diesen einen Körper und müssen Tag für Tag auf ihn Acht geben. Dabei spielt die Ernährung die entscheidendste Rolle, wenn es um das Gewicht und die Figur geht. Es reicht nur eine kleine Umstellung innerhalb der Ernährung und Essgewohnheiten aus, um etwas Großes zu bewirken. Selbst die kleinen Veränderungen können die Pfunde enorm purzeln lassen und du kannst dich gesünder als jemals zuvor fühlen. Dabei muss diese Umstellung einem nicht immer schwer fallen und nicht mit großem Verzicht verbunden sein. Low Carb hilft einem dabei die angesammelten Pfunde zu verlieren und das Gewicht anschließend auch zu halten, ohne hungern zu müssen.

Die 111 Low Carb Rezepte in diesem Kochbuch werden dir dabei helfen, langfristig abzunehmen und dein Leben zu verändern. **Zudem warten auf dich am Ende des Buches eine 14 Tage Challenge und ein ganz besonderes Dankeschön.**

Wir wünschen dir viel Spaß und Erfolg!

Unsere Story

Unsere Story begann damit, dass wir selbst diverse Ernährungsweisen und sogenannte Diäten ausprobiert haben und somit unsere eigenen Erfahrungen sammeln konnten. Dadurch wurde unsere Begeisterung für das Kochen im Allgemeinen geweckt. Da es mit der Zeit langweilig wird immer die gleichen Rezepte zuzubereiten, wagen wir uns regelmäßig an neue Themenbereiche im Bereich der Ernährung. Da Essen im Allgemeinen mehr Spaß macht, wenn man es nicht alleine tut, haben wir beschlossen unsere Lieblingsrezepte zusammenzufassen, damit auch andere Menschen, die daran Interesse haben, davon profitieren können. Während wir viel Zeit mit dem Suchen nach leckeren Rezepten verbracht haben, haben wir nun für dich ein Rezeptbuch zusammengestellt, damit du mehr Zeit für das wirklich Wichtige hast. ESSEN!

Während unserer Probierphase mussten wir nur allzu oft feststellen, dass die Bilder der Rezepte und das, was am Ende bei uns rauskam nicht wirklich eine Ähnlichkeit hatten. Da wir preiswert bleiben wollen, damit du besser experimentieren und ausprobieren kannst, haben wir uns dazu entschlossen ganz auf Bilder zu verzichten. Dadurch ist es auch kein Drama, wenn dir das eine oder andere Thema nicht zusagt.

Wir hoffen sehr dich mit unseren Rezeptvorschlägen immer wieder aufs Neue inspirieren zu können. Damit vielleicht auch DU deine Leidenschaft für das Kochen entwickelst und dich ausprobierst. Kochen bietet nämlich den großen Vorteil entspannend zu wirken und lecker zu sein. Da wir immer auf der Suche nach guten Themen und leckeren Rezepten sind, wirst du bestimmt noch einiges von uns hören. Vielleicht können wir dich von einigen Themen überzeugen und du diese somit für dich entdecken. Letztendlich gibt es nichts schöneres als Anderen den Anstoß und die Inspiration für etwas Neues zu geben.

Unser Ziel ist es dir den Einstieg in ein neues Ernährungsthema zu geben und eine doch recht große Auswahl an dazugehörigen Rezepten zu bieten. Wir finden, dass uns das gelungen ist. Dementsprechend sollte deinem Weg in einen Alltag voller köstlicher Gerichte nichts mehr im Wege stehen!

Food Revolution

Low Carb

Was ist das eigentlich?

Sicherlich hast du irgendwo schon einmal von „Low Carb" gehört. In so ziemlich jedem Frauen-, Koch- oder Fitnessmagazin findet sich irgendetwas über diese „neue" Art der Ernährung, die schon lange unter Body Buildern und Sportlern bekannt ist.

Low bedeutet auf Deutsch niedrig und Carb ist die Kurzform von Carbohydrates, also auf Deutsch Kohlenhydrate. Low Carb bedeutet also man nimmt wenig Kohlenhydrate zu sich. Dabei geht es nicht um eine kurzfristige Diät, die schon nach kurzer Zeit durch den Jo-Jo-Effekt zunichte gemacht wird, sondern um eine langfristige Umstellung der Ernährung.

Durch die gezielte Umstellung der Ernährung wirst du Fett verbrennen und abnehmen, ohne hungern und Kalorien zählen zu müssen. Der Fokus wird auf Eiweiß und Fette gelegt, die zusammen mit den Kohlenhydraten die drei Hauptbestandteile unserer Ernährung bilden.

Es gibt viele verschiedene Low Carb Konzepte, die alle einen anderen Schwerpunkt setzen, doch alle haben eine Gemeinsamkeit – es sind wenige bis keine Kohlenhydrate erlaubt. Unter anderem gibt es folgende Konzepte:

- Atkins: sehr viel Eiweiß und Fett
- Logi Methode: sehr viel Eiweiß
- Dukan Methode: keine bis kaum Kohlenhydrate
- Low Carb High Fett: sehr viel Fett
- Glyx Methode: Orientierung am glykämischen Index von Nahrungsmitteln
- New York Methode: keine stärkehaltigen Beilagen, nur Kohlenhydrate aus Obst, Gemüse und Hülsenfrüchten

In diesem Buch beschäftigen wir uns mit der klassischen Form der Low Carb Ernährung, also wenig Kohlenhydrate, dafür viel Fett und Eiweiß, ohne Kalorien zählen zu müssen und ganz ohne hungern zu müssen.

Wo kommt Low Carb her?

Bei unseren Vorfahren lässt sich der Ursprung der Low Carb Ernährung finden. Bevor wir die Landwirtschaft und den Ackerbau für uns entdeckt haben, waren wir Sammler und Jäger. Es kamen also hauptsächlich Beeren, Früchte, Fleisch, Fisch, Nüsse, Hülsenfrüchte, Wurzeln und andere Pflanzen auf den Tisch. Die Ernährung war sehr fett- und eiweißlastig, Kohlenhydrate spielten nur eine kleine Rolle. Die Nährstoffzusammensetzung sah bei unseren Vorfahren wie folgt aus: 20–30% Eiweiß, 40-50% Fett und etwa 30% Kohlenhydrate.

Die Deutsche Gesellschaft für Ernährung (DGE) empfiehlt dagegen folgende Nährstoffzusammensetzung: 15% Eiweiß, 30% Fett und 55% Kohlenhydrate. Unsere Ernährung ist sehr kohlenhydrathaltig geworden und weicht stark von der unserer Vorfahren ab. Wenn man bedenkt, dass unsere Gene mit denen unserer Vorfahren nahezu identisch sind, wird man feststellen, dass der Großteil der Menschen sich nicht „richtig" ernährt.

Kohlenhydrate – was du wissen musst

Schauen wir uns die „bösen" Kohlenhydrate genauer an. Was sind Kohlenhydrate eigentlich und was macht dein Körper mit ihnen?

Vereinfacht lässt sich sagen, dass Kohlenhydrate nichts anderes als Zucker sind. Dein Körper braucht Eiweiß, Fette und Kohlenhydrate, um funktionieren zu können. Dabei wirken Kohlenhydrate wie Treibstoff für deine Muskeln und dein Gehirn. Aus Kindheitstagen weißt du sicherlich, dass Traubenzucker gut für das Gehirn ist und die Leistung verbessert. Traubenzucker gehört zu den Kohlenhydraten und ist aus Einfachzucker – wird also sehr schnell verwertet und gibt kurzfristig einen Energieschub. Danach fällt die Leistung rapide ab und dein Körper lechzt nach mehr Traubenzucker, aber dazu gleich mehr.

Insgesamt gibt es vier Zuckerarten mit unterschiedlicher Zusammensetzung und unterschiedlicher Länge der Zuckerketten. Diese Zuckerketten werden auch Saccharide genannt.

- **Einfachzucker (auch Monosaccharide)** besteht aus einzelnen Zuckermolekülen. Glukose bzw. Traubenzucker und Fruktose bzw. Fruchtzucker fallen unter den Einfachzucker. Einfachzucker ist sehr süß (Dextro Energy zum Beispiel) und kann sehr schnell verwertet werden – der Blutzuckerspiegel steigt.

- **Zweifachzucker (auch Disaccharide)** besteht aus zwei Zuckermolekülen und ist damit sehr kurzkettig. Ein Beispiel dafür ist der Haushaltszucker, welcher jeweils zur Hälfte aus Glukose und Fruktose besteht. Laktose (Milchzucker) und Maltose (Malzzucker) fallen ebenfalls unter den Zweifachzucker.

- **Mehrfachzucker (auch Oligosaccharide)** ist langkettig und kommt in Hülsenfrüchten vor. Mehrfachzucker ist geschmacksneutral und wird vom Körper langsamer verwendet.

- **Vielfachzucker (auch Polysaccharide)** ist langkettig und wird nur langsam vom Körper verwendet. Vielfachzucker findet sich in Stärke, also in Brot, Kartoffeln, Reis, Nudeln und anderen Vollkornprodukten. Vielfachzucker ist ebenfalls geschmacksneutral.

Dein Körper kann nur Glukose direkt in die Blutbahnen aufnehmen und in Energie umwandeln. Je mehr Glukose du zu dir nimmst, desto höher dein Blutzuckerspiegel. Insulin wird ausgeschüttet und übernimmt die Aufgabe des Transporteurs – Glukose wird aus den Blutbahnen in die Körperzellen eingeschleust und liefert damit neue Energie.

Die Insulinausschüttung senkt den Blutzuckerwert wieder, jedoch nicht auf den Normalwert, sondern weit darunter – dein Körper ist unterzuckert und fordert mehr Zucker, um den Blutzuckerspiegel wieder zu normalisieren. Du verspürst Hunger und greifst wieder zu glukosehaltigen Lebensmitteln. Ein Teufelskreis, den viele auch als Heißhunger auf allerlei Süßes, wie Kuchen und Schokolade, kennen.

Mehrfach- und Vielfachzucker müssen zunächst aufgespalten und anschließend in Glukose umgewandelt werden, damit dein Körper diesen auch verwenden und verstoffwechseln kann. Dieser Prozess dauert länger und der Mehrfach-/Vielfachzucker wird nur nach und nach verwertet. Dadurch steigt der Blutzuckerspiegel nur langsam an und dein Körper wird länger mit Energie versorgt. Ein rapider Abfall des Blutzuckers wird dadurch verhindert und du wirst weder müde noch verspürst du einen Heißhunger auf Zucker.

Jetzt fragst du dich bestimmt wie es mit Fruktose aussieht, schließlich ist es auch ein Einfachzucker. Fruktose ist unabhängig von Insulin und wird über den Darm und die Leber verstoffwechselt. Dadurch steigt der Blutzucker nicht so schnell wie bei Glukose. Allerdings ist dies nur bei natürlicher Fruktose der Fall – also bei Früchten/Obst. In Süßigkeiten und anderen Lebensmitteln wird isolierte Fruktose verwendet und diese lässt den Blutzuckerspiegel genauso wie Glukose rasant ansteigen.

Beim Vielfachzucker gibt es ebenfalls eine wichtige Unterscheidung zwischen verzweigter Stärke und unverzweigter Stärke. Verzweigte Stärke kommt beispielsweise in Weizenprodukten vor und lässt den Blutzuckerspiegel und damit den Insulinspiegel ebenfalls schnell ansteigen. Unverzweigte Stärke kommt in Vollkornprodukten vor und lässt den Blutzuckerspiegel nur langsam ansteigen. Deshalb empfiehlt es sich, zu Vollkornprodukten zu greifen.

Überschüssiger Zucker wird nicht in Energie umgewandelt, sondern dein Körper speichert ihn für harte Zeiten in Form von Fettdepots. So kann dein

Körper im Fall der Fälle an die Fettreserven gehen und daraus Energie gewinnen. Die meisten Menschen in Deutschland nehmen viel zu viele Kohlenhydrate auf und stopfen sich mit glukosehaltigen Lebensmitteln voll. Wachsende Fettröllchen sind die Folge. Denn dein Körper weiß nicht, dass er in der heutigen Zeit keine Fettreserven braucht, weil genug Lebensmittel zur Verfügung stehen. Dazu kommt noch, dass viele Menschen bewegungsarm leben und dadurch auch so schon wenig Energie verbrauchen. Überschüssige Pfunde sind vorprogrammiert.

Low Carb – die Idee

Die Idee von Low Carb ist ziemlich simpel, aber zugleich genial, wenn man erst einmal verstanden hat, welche Rolle Kohlenhydrate für den Körper spielen. Anstatt Kalorien zu zählen und ein Kaloriendefizit zu verursachen um abzunehmen, wird einfach der Kohlenhydratanteil reduziert und auf Fette und Eiweiße umgeschichtet. Denn prinzipiell kannst du auch abnehmen, wenn du den ganzen Tag nur Schokolade isst – Hauptsache du nimmst weniger Kalorien zu dir als dein Körper benötigt.

Dein Körper stellt den Stoffwechsel um sobald er merkt, dass er keinen Zucker mehr bekommt, um daraus Energie zu gewinnen. Es bleiben nur noch die Fettreserven als Energiequellen. Diese zapft dein Körper an und wandelt dein Körperfett nach und nach in Energie um. Allein die Tatsache, dass dein Körper seine Energie anders gewinnen muss sorgt bereits dafür, dass du abnimmst und Gewicht verlierst.

Da bei Low Carb Glukose kaum bis gar nicht auf dem Speiseplan steht, kommt es nicht mehr zu Heißhungerattacken durch einen stark abfallenden Blutzuckerspiegel – du bleibst länger gesättigt, isst weniger und es folgt automatisch ein Kaloriendefizit. Bei einem Kaloriendefizit baut dein Körper eigentlich zuerst Muskelmasse zur Energiegewinnung ab. Durch einen hohen Anteil an Eiweiß in der Ernährung werden deine Muskeln vor dem Abbau geschützt und der hohe Fettanteil sorgt dafür, dass deinem Körper ausreichend Energie zur Verfügung steht.

Weiterhin kann dein Körper Proteine nicht speichern und muss diese sofort verwerten. Steht kein Eiweiß zur Verfügung, muss dein Körper sich zwangsläufig an deine Fettreserven machen, wenn er zusätzliche Energie braucht.

Mit einer simplen Umstellung deiner Ernährung kannst du sehr viel erreichen und deinen Körper zur besten Form überhaupt bringen. In Kombination mit Sport ist Low Carb die Geheimwaffe für deinen Traumkörper!

Wie gesund ist Low Carb?

Low Carb steht oft in der Kritik ungesund zu sein. Dabei wird häufig argumentiert, dass zu viel Eiweiß ungesund ist und die Nieren schädigt und dass zu viel Fett schlecht für die Blutfettwerte ist und damit das Risiko eines Herzinfarkts steigt. Aber stimmt das überhaupt?

Eine erhöhte Eiweißzufuhr ist für eine gesunde Niere nicht schädlich. So kann eine gesunde Niere problemlos eine tägliche Eiweißzufuhr von 2g pro Kilogramm Körpergewicht verarbeiten. Laut einer Studie [1] sollte die tägliche Eiweißzufuhr bei Menschen mit einer geschädigten/kranken Niere auf 0,8g Eiweiß pro Kilogramm Körpergewicht beschränkt werden.

Eine erhöhte Eiweißzufuhr führt auch nicht zu Osteoporose wie oft behauptet wird. Viele Kritiker behaupten, dass eine sehr eiweißreiche Ernährung zu einem Calciumverlust führt und somit die Knochen entmineralisiert werden sollen – Osteoporose ist die Folge. Studien haben gezeigt, dass nicht die hohe Eiweißmenge schuld ist, sondern mangelnde Bewegung [2].

Auch Gicht wird als häufige Ursache einer zu hohen Aufnahme von Proteinen genannt. Bei Gicht kommt es zu schmerzhaften Entzündungen in den Gelenken. Wenn der Harnstoffwechsel gestört wird und Purine nicht vollständig abgebaut werden – im Blut steigt der Harnsäurespiegel und es kann zu Gicht kommen. Purine kommen in Eiern, Milch, Milchprodukten und Getreideprodukten kaum vor. In Fleisch, Geflügel, Wurst, Fisch und Sojaprodukten lässt sich dagegen viel Purin finden. Die Menge macht den Unterschied und gesunde Menschen erkranken nur selten an Gicht.

Genauso führt eine fettreiche Ernährung nicht automatisch zu schlechten Blutfettwerten und einer Gewichtszunahme. Dein Körper braucht gesunde Fette, sogenannte ungesättigte Fettsäuren. Diese lassen sich reich in Fischen, Nüssen, Olivenöl oder Avocados finden und haben einen positiven Einfluss auf deine Blutfettwerte und deinen Cholesterinspiegel [3]. Gesunde Fette sind erlaubt und erwünscht – viele Vitamine wie Vitamin A, D, E oder K sind fettlöslich und können ohne nicht verwertet werden.

Gesättigte Fettsäuren sind dagegen die „bösen" Fette und sollten gemieden werden. Diese wirken sich negativ auf deinen Körper aus und sind in vielen ungesunden Produkten wie Fastfood, Chips, Kuchen & Keksen und fettigen Fleischwaren enthalten.

Viele Studien weisen darauf hin, dass Low Carb für gesunde Menschen zahlreiche Vorteile birgt und zahlreiche positive Erfahrungsberichte von Menschen, die sich Low Carb ernähren untermauern diese Studien. Letztlich muss jeder für sich selbst herausfinden, ob die Low Carb Ernährung funktioniert oder nicht. Es handelt sich dabei um eine langfristige Ernährungsumstellung, die sich an der Ernährung unserer Vorfahren orientiert und zahlreichen Menschen geholfen hat fitter und gesünder zu leben. So konnten sie endlich Gewicht verlieren und ihren persönlichen Traumkörper erreichen.

[1] Poortmanns JR, Dellalieux O. Do Regular High Protein Diets Have Potetial Health Risk on Kidney Function in Athletes. Int J Sport Nutr Exerc Metab 2000; 10:28-38
[2] Promislow JH, Goodman-Gruen D, Slymen DJ, Barrett-Connor E: Protein con-sumption and bone mineral density in the elderly: the Rancho Bernardo Study. Am J Epidemiol 155 (2002) 636-644
[3] Garg A. High-monounsaturated-fat diets for patients with diabetes mellitus: a metaanalysis. Am J Clin Nutr 1998; 577S-82S

Was darf ich essen?

Es ist besonders wichtig darauf zu achten, was gegessen werden „darf" und was nicht. Mit den richtigen Lebensmitteln schmelzen die Kilos nur so dahin. Da du dich Low Carb ernähren möchtest, dürfen ruhig kleine Mengen Kohlenhydrate in den einzelnen Lebensmitteln vorhanden sein. Es ist wichtig darauf zu achten, wie viele Kohlenhydrate, Eiweiß und gesunde Fette auf 100g zusammen kommen. Um dir das Aussuchen von geeigneten Lebensmitteln zu vereinfachen, findest du hier eine Liste mit den besten Lebensmitteln.

Aber fangen wir mit einer generellen Auflistung an. Hiervon darfst du essen so viel du möchtest:

- Fleisch
- Fisch und Meeresfrüchte
- Eier und Käse
- Unverarbeitete Milchprodukte wie Naturjoghurt oder Quark
- Nüsse, Samen, Kerne
- Beeren und zuckerarme Früchte
- Gemüse mit wenigen Kohlenhydraten
- Gesunde Fette und Öle
- Wasser und ungezuckerten Tee
- Vollkornprodukte (anstatt Getreide und Weizenmehl, jedoch in geringen Mengen)

Schauen wir uns jetzt einige Lebensmittel genauer an. Anmerkung zur Angabe der Kohlenhydrate pro 100g: je nach Hersteller/Herkunftsort können die Angaben variieren und abweichen. Schau dir deshalb immer die Nährwertangaben des jeweiligen Produktes genau an.

Fleisch

Fleisch kann täglich auf den Teller kommen, da es sehr viel Eiweiß und fast keine Kohlenhydrate enthält. Alle Arten von Fleisch eignen sich für eine Low Carb Ernährung, jedoch solltest du auf eine Panade verzichten. Wir empfehlen dir BIO Fleisch zu kaufen und so oft wie möglich frisches Fleisch zu verwenden.

Als Snack für zwischendurch bietet sich Trockenfleisch an. Trockenfleisch aus dem Supermarkt enthält, je nach Sorte, zu viele Kalorien und ungesunde Zusatz- und Konservierungsstoffe. Selbst getrocknetes Fleisch ist die gesündere Alternative und lässt sich ganz einfach zu Hause herstellen.

Für Abwechslung auf dem Speiseplan kannst du verschiedene Fleischsorten durchprobieren, es muss nicht immer Hähnchenbrust mit Brokkoli (und Reis, wie bei vielen Sportlern) sein. Auch Wurst ist erlaubt. Besonders Schinken, Salami und Hähnchenwurst eignen sich, je nach Sorte, sehr gut für die Low Carb Ernährung. Folgende Fleischsorten eignen sich sehr gut für Low Carb:

- Hühnchen
- Rind
- Schwein
- Kalb
- Lamm
- Truthahn
- Hirsch
- Reh

Fisch und Meeresfrüchte

Fisch enthält, je nach Art, sehr viel Eiweiß und sehr viele gesunde Fettsäuren, sogenannte Omega-3 Fettsäuren. Es darf also gerne fettiger Fisch, ein bis zwei Mal die Woche (oder öfter), auf dem Tisch landen, da Fisch zudem kaum Kohlenhydrate enthält.

Lachs, Forellen und Sardinen gehören zu den besten Fischsorten und bieten ein gutes Preis-Leistungs-Verhältnis. Krabben, Garnelen, Shrimps und andere Meeresfrüchte können und sollten ebenfalls gegessen werden, denn auch sie enthalten viele gesunde Fettsäuren, viel Eiweiß und zahlreiche Nährstoffe. Dabei beschränken sich die Kohlenhydrate in der Regel auf ca. 5g pro 100g.

Gemüse

Gemüse ist von Natur aus (meistens) kohlenhydratarm und reich an Nährstoffen. Die wenigen vorhandenen Kohlenhydrate bestehen meistens aus Ballaststoffen. Auf stärkehaltiges Gemüse wie Kartoffeln oder Süßkartoffeln sollte verzichtet werden. Bei dem Gemüse solltest du nicht allzu genau auf die Kohlenhydrate achten. Es handelt sich überwiegend um Ballaststoffe. Gemüse enthält zahlreiche Vitamine und Mineralstoffe, die sehr gesund sind – dein Körper wird dir danken!

Knoblauch	**Kohlenhydrate**: 28,4g pro 100g
Zwiebeln	**Kohlenhydrate**: 9g pro 100g
Auberginen	**Kohlenhydrate**: 8g pro 100g
Brokkoli	**Kohlenhydrate**: 7g pro 100g
Radieschen	**Kohlenhydrate**: 4g pro 100g
Tomaten	**Kohlenhydrate**: 3g pro 100g
Grüne Bohnen	**Kohlenhydrate**: 3g pro 100g
Pilze	**Kohlenhydrate**: 3g pro 100g
Paprika	**Kohlenhydrate**: 3g pro 100g
Spargel	**Kohlenhydrate**: 2g pro 100g
Zucchini	**Kohlenhydrate**: 2g pro 100g
Blumenkohl	**Kohlenhydrate**: 2g pro 100g
Grünkohl	**Kohlenhydrate**: 2g pro 100g
Gurke	**Kohlenhydrate**: 2g pro 100g
Sellerie	**Kohlenhydrate**: 2g pro 100g
Spinat	**Kohlenhydrate**: 1g pro 100g

Früchte und Beeren

Viele Früchte enthalten viel Fruchtzucker und damit viele Kohlenhydrate. Du kannst bedenkenlos täglich ein bis zwei Portionen Früchte essen. Bei Beeren und fettreichen Früchten, wie der Avocado, kann es auch ruhig etwas mehr sein. Avocados enthalten extrem viele Nährstoffe, Mineralstoffe und gesunde Fettsäuren, wie Omega-3. Beeren, besonders dunkle Beeren, enthalten viele Antioxidantien und Vitamine.

Früchte

Kaki	**Kohlenhydrate**: 19g pro 100g
Feigen	**Kohlenhydrate**: 19g pro 100g
Granatäpfel	**Kohlenhydrate**: 19g pro 100g
Birnen	**Kohlenhydrate**: 15g pro 100g
Kiwi	**Kohlenhydrate**: 15g pro 100g
Mandarinen	**Kohlenhydrate**: 13g pro 100g
Ananas	**Kohlenhydrate**: 13g pro 100g
Mangos	**Kohlenhydrate**: 13g pro 100g
Kirschen	**Kohlenhydrate**: 12g pro 100g
Äpfel	**Kohlenhydrate**: 11,4g pro 100g
Grapefruits	**Kohlenhydrate**: 11g pro 100g
Nektarinen	**Kohlenhydrate**: 11g pro 100g
Pflaumen	**Kohlenhydrate**: 11g pro 100g
Papaya	**Kohlenhydrate**: 11g pro 100g
Wassermelone	**Kohlenhydrate**: 7,5g pro 100g

Beeren

Johannisbeeren	**Kohlenhydrate**: 14g pro 100g
Himbeeren	**Kohlenhydrate**: 12g pro 100g
Brombeeren	**Kohlenhydrate**: 10g pro 100g
Stachelbeeren	**Kohlenhydrate**: 9g pro 100g
Erdbeeren	**Kohlenhydrate**: 8g pro 100g
Heidelbeeren	**Kohlenhydrate**: 6g pro 100g

Nüsse, Samen und Kerne

Nüsse, Samen und Kerne sind reich an Fetten, Proteinen, Ballaststoffen, Vitaminen und Mineralstoffen. Daher gehören sie zur Low Carb Ernährung dazu und sorgen, beispielsweise als Snack, für ausreichend Energie.

Nüsse

Nüsse haben nur wenige Kohlenhydrate, mit einigen Ausnahmen wie der Cashewnuss. Vielen ist dies nicht bewusst, deshalb eine kleine Warnung an dich.

Cashewnüsse	**Kohlenhydrate**: 30g pro 100g
Walnüsse	**Kohlenhydrate**: 14g pro 100g
Haselnüsse	**Kohlenhydrate**: 10g pro 100g
Erdnüsse	**Kohlenhydrate**: 8g pro 100g
Mandeln	**Kohlenhydrate**: 5g pro 100g
Macadamianüsse	**Kohlenhydrate**: 4g pro 100g
Paranüsse	**Kohlenhydrate**: 4g pro 100g

Samen und Kerne

Chia Samen	**Kohlenhydrate**: 38g pro 100g
Pinienkerne	**Kohlenhydrate**: 13g pro 100g
Sonnenblumenkerne	**Kohlenhydrate**: 12g pro 100g
Sesam	**Kohlenhydrate**: 9g pro 100g
Hanfsamen	**Kohlenhydrate**: 8g pro 100g
Leinsamen	**Kohlenhydrate**: 7g pro 100g
Kürbiskerne	**Kohlenhydrate**: 3g pro 100g

Aus eigener Erfahrung können wir dir sagen, dass Gemüse, Obst, Fisch, Fleisch, Nüsse und Samen eine wichtige Rolle in deinem Ernährungsplan einnehmen werden. Besonders Anfänger tun sich schwer damit die richtigen Lebensmittel auszuwählen – besonders schwer tun sie sich bei Obst und Gemüse. Daher sollten dir diese Listen einen guten Überblick geben.

Wovon lieber die Finger lassen?

Von vielen Nahrungsmitteln kannst du so viel essen, wie du möchtest. Von einigen solltest du lieber die Finger lassen, da sie zu viele Kohlenhydrate enthalten! Um dir eine gute Übersicht zu geben, findest du die „verbotenen" Lebensmittel aufgelistet.

Fleisch
- paniertes Fleisch
- Fertigfrikadellen
- Mariniertes Fleisch (je nach Marinade)
- Wurst mit Zuckerzusätzen

Fisch
- Panierter Fisch wie Backfisch, Fischstäbchen oder Schlemmerfilet

Gemüse
- Kartoffeln
- Süßkartoffeln
- Mais
- Kochbananen
- Erbsen
- Buchweizen
- Pastinaken

Obst
- Bananen
- Datteln
- Weintrauben
- Rosinen
- Cranberries (getrocknet)
- Generell getrocknetes Obst

Getränke
- Alkohol
- Limonaden
- Säfte
- Malzgetränke
- Gezuckerter Tee/Kaffee (ohne Zucker empfehlenswert!)

Beilagen
- Reis
- Kartoffeln
- Nudeln
- Pommes

Außerdem
- Backwaren und Brot
- Süßigkeiten und Süßwaren
- Weizenmehl (Mehl aus Nüssen ist empfehlenswert)
- Soßen (Guacamole als Alternative)
- Marmelade und Nutella
- Industriell hergestellter Zucker
- Fertiggerichte

Es reicht bereits auf die eben genannten Lebensmittel zu verzichten und sie durch Low Carb Alternativen zu ersetzen. Wenn es morgens Brot geben soll, dann kannst du zu Low Carb Brot greifen. Backen kannst du problemlos mit Walnussmehl oder anderem Mehl aus Nüssen. Anstatt Ketchup kann es auch die hausgemachte Guacamole sein. Als Snack können Trockenfleisch und Beeren verwendet werden und als Getränk bietet sich Tee als perfekte Alternative an. Besonders grüner Tee bietet zahlreiche gesundheitliche Vorteile für den Körper und kurbelt die Fettverbrennung an, wenn du ein bis zwei Liter täglich trinkst.

Wie viele Kohlenhydrate am Tag?

Ist vielleicht die wichtigste Frage. Du brauchst Richtwerte für die tägliche Aufnahme von Kohlenhydraten, Proteinen und Fetten. Wenn du schnell abnehmen willst ohne hungern zu müssen, dann sind 50g Kohlenhydrate am Tag ein guter Richtwert.

Du kannst dich an folgenden Werten orientieren:
- 1,5g Eiweiß pro Kilogramm Körpergewicht (2g wenn du Sport treibst)
- 1,5g bis 2g Fett pro Kilogramm Körpergewicht
- ca. 50g Kohlenhydrate am Tag

Mithilfe diverser Kalorienrechner berechnet, wäre der tägliche Bedarf einer 30 jährigen Frau mit 60 kg Körpergewicht, die im Büro arbeitet und etwas Sport treibt – bei etwa 2100 kcal täglich.

Mit den obigen Richtwerten kommt man auf eine tägliche Kalorienzufuhr von:
- 2g Eiweiß * 60Kg = 120g Eiweiß
- 2g Fett * 60Kg = 120g Fett
- 50g Kohlenhydrate

Brennwerte
- 1g Eiweiß entspricht 4,1kcal
- 1g Fett entspricht 9,3kcal
- 1g Kohlenhydrat entspricht 4,1gkcal

(120g * 4,1kcal) + (120g * 9,3kcal) + (50g * 4,1kcal)= 1813kcal

Mit einer Low Carb Ernährung würde man somit etwa 300 Kalorien weniger zu sich nehmen als man eigentlich am Tag braucht. Ohne Hungern zu müssen erreicht man ein gesundes Kaloriendefizit und nimmt langsam aber sicher ab. Durch eine simple Umstellung der Ernährung lässt sich langfristig Gewicht und vor allem Fett reduzieren – ganz ohne Kalorienzählen, hungern und eintöniges Essen.

Natürlich sind das alles nur grobe Richtwerte, exakt berechnen kannst du es nicht und musst es auch nicht!

Wie am cleversten mit Low Carb anfangen?

In der Theorie ist es ganz einfach mit Low Carb zu starten und endlich überschüssige Kilos zu verlieren. Die Umsetzung gestaltet sich oft als schwieriger und es kommen immer wieder Hindernisse auf, die einen langfristigen Erfolg zunichte machen. Deshalb einige Tipps von uns wie du, ohne Startschwierigkeiten, direkt anfangen kannst.

Setze dir ein Ziel. Nur wenn du dein Ziel kennst, kannst du den Weg dahin beschreiten. Setze dir ein SMARTes Ziel. Es sollte **S**pezifisch, **M**essbar, **A**mbitioniert, **R**ealisierbar und **T**erminiert sein. Als wir mit Low Carb angefangen haben, sah Alex´ Ziel so aus: „Ich habe mich 60 Tage lang Low Carb ernährt und dabei 5 Kilo abgenommen!". Nach den 60 Tagen hat er sich ein neues Ziel gesetzt, dann das vorherige Ziel war erreicht.

Starte langsam. Es bringt nichts von heute auf morgen deine Ernährung komplett umzustellen. Wir Menschen sind Gewohnheitstiere und auch unsere Ernährung ist zum Großteil Gewohnheit. Reduziere nach und nach die tägliche Kohlenhydratmenge, bis du bei 50g (oder sogar weniger, je nach Low Carb Form) angekommen bist. Wenn du langfristig Erfolg haben willst, solltest du deine Essgewohnheiten langfristig ändern.

Entrümple deine Küche. Bevor du mit Low Carb anfängst, solltest du deine Küche einmal entrümpeln und dich von kohlenhydrathaltigen Lebensmitteln trennen. Wenn du zu Hause Kartoffeln, Reis, Brot, Softdrinks, Süßes und Backwaren stehen hast, steigt die Wahrscheinlichkeit, dass du kurz schwach wirst und dir doch noch eine Scheibe Brot gönnst oder doch erst morgen mir Low Carb anfängst und heute noch mal so richtig reinhaust. Spende, verschenke oder iss alles auf, bevor du deine Ernährung langfristig umstellst.

Fang wieder mit Sport an. Bist du über die Jahre zu einer Couch-Potato geworden? Du hast dich bereits dazu entschlossen deine Ernährung umzustellen und somit dein Leben zu verändern – werde wieder fit und mache regelmäßig Sport! Das hilft die Kilos wegzuschmelzen und deinen Traumkörper noch schneller zu erreichen. Sport hat uns sehr geholfen, unsere Ziele zu erreichen und endlich wieder schlank und fit zu werden. Doch sei dir bewusst: durch Sport alleine wirst du nicht abnehmen. Entscheidend ist die Ernährung!

Kontinuität ist entscheidend. Nur wenn du Tag für Tag am Ball bleibst und deine Ernährungsumstellung knallhart durchziehst, wirst du auch Erfolg haben. Jeden Tag ein Stückchen besser ist die Devise. Es bringt nichts eine Woche lang komplett auf Kohlenhydrate zu verzichten, nur um anschließend alles Mögliche in sich hineinzustopfen. Der Jo-Jo-Effekt kommt schneller als du denkst. Arbeite dich jeden Tag ein Stück näher an dein Ziel heran und du wirst erfolgreich abnehmen und dich Tag für Tag ein kleines bisschen besser fühlen.

Es muss nicht zu 100% perfekt sein. Du musst nicht mit Mühe und Not und auf das Gramm genau alles einhalten. Du musst nicht dein komplettes Leben auf Low Carb umstellen und von Salatblatt zu Salatblatt leben. Kennst du die 80:20 Regel? Du erzielst 80% der Ergebnisse mit 20% des Gesamtaufwandes. Selbst wenn du „nur" auf Industriezucker verzichtest, nur noch Tee und Wasser trinkst und Fertigprodukte, Süßwaren, Weizenprodukte und Backwaren in deiner Ernährung weglässt, wirst du bereits große Erfolge erzielen.

Mach dir einen Plan. Ein Ernährungs- und Einkaufsplan für die ganze Woche hilft dir enorm, besonders am Anfang. So vermeidest du, dass du hungrig in der Küche stehst und nicht weißt was du essen oder kochen sollst – und dir dann frustriert eine Pizza bestellst (ist auch uns passiert...). Am Anfang der Woche Rezepte aussuchen, eine Einkaufsliste schreiben und dann direkt einen Großeinkauf tätigen, anstatt jeden Tag in den Supermarkt zu rennen. Das erleichtert das Kochen daheim enorm und hilft beim Abspecken.

Wenn du diese sieben Tipps beherzigst, gelingt dir der Start in dein Low Carb Abenteuer garantiert! Und damit du noch mehr Erfolg hast, findest du im nächsten Abschnitt eine Vielzahl an leckeren Low Carb Rezepten! Anzufangen ist das eine, am Ball zu bleiben das andere.

Hinweise zu den Rezepten

Bevor wir zu den 111 Low Carb Rezepten für Berufstätige und Faule kommen, noch einige Hinweise:

Keine Fotos zu den einzelnen Rezepten?

Bevor es Kritik hagelt zu fehlenden Bildern, schließlich handelt es sich um ein Kochbuch, eine kurze Erklärung. Teure Kochbücher, die 20€, 30€ und mehr kosten, haben von jedem einzelnen Gericht wunderschöne und den Appetit anregende Fotos – das Auge isst ja schließlich mit! Sie sind groß, dick, schwer und unhandlich. In einer Küche ist erfahrungsgemäß wenig Platz und für ein großes Kochbuch erst recht nicht. Gerade während des Kochens fehlt es oft an Platz. Schöne und teure Kochbücher sind eigentlich zu schade, um sie in der dreckigen Küche irgendwo hinzulegen, sie könnten ja schmutzig werden!

Bilder verbrauchen viel Platz, treiben die Druckkosten und damit den Preis in die Höhe und bieten nur selten einen wirklichen Mehrwert beim Kochen. Das fertige Gericht sieht selten wie auf dem Foto aus und hilft beim Kochen selten bis gar nicht – da kann man sich die Bilder auch gleich sparen. Dieses Low Carb Kochbuch kommt ganz ohne Bilder aus, dies ermöglicht ein handliches Taschenbuchformat und einen Preis von unter 10€ (inklusive Versand versteht sich). Das Buch findet überall Platz in der Küche und es ist nicht schlimm, wenn Fett- oder Wasserspritzer auf dem Buch landen. Jedes Rezept ist detailliert beschrieben, somit ist das Nachkochen super einfach. Zudem sind die Rezepte klar und verständlich strukturiert und befinden sich jeweils auf einer Seite, das macht hin und her blättern unnötig.

Nährwertangaben können variieren

Die Nährwertangaben der einzelnen Rezepte können variieren, da verschiedene Produkte von verschiedenen Herstellern unterschiedliche Nährwertangaben aufweisen. So können sich die Eiweiß-, Fett- und Kohlenhydratanteile geringfügig unterscheiden. Dies ist jedoch nicht weiter schlimm, da die Nährwertangaben nur als Richtwert dienen und nicht bis aufs Gramm genau eingehalten werden müssen (und sollten).

Zudem beziehen sich die Nährwertangaben bei jedem Rezepte auf eine Portion. Dies ist wichtig, denn einige Rezepte beinhalten eine Portion und manche Rezepte reichen für zwei oder mehr Portionen.

Rezepte

Frühstück

Morgendlicher Frischekick

KH 12g | EW 5g | F 7g

Zubereitungszeit:	*5 min*
Portionen:	*1*
Schwierigkeit:	*leicht*

Zutaten
- 250g Mandelmilch
- 50g Ananas
- 1EL Chia Samen
- 1TL Weizengraspulver

Zubereitung

1) Zuerst die Ananas aufschneiden und die geschälten Ananasstücke in einen Mixer geben. Falls die Ananas nicht frisch, sondern aus der Dose kommt, einfach den Saft mit benutzen und anschließend die gewünschte Grammzahl abwiegen.

2) Zu der Ananas Stück für Stück die Mandelmilch, die Chia Samen und das Weizengraspulver zugeben. Alles ordentlich durchmixen bis keine Stückchen der Ananas mehr vorhanden sind.

3) Danach kann der fertige Mix in ein Gefäß gefüllt, eventuell noch garniert und anschließend genossen werden.

Protein-Sandwich

KH 12g | EW 35g | F 28g

Zubereitungszeit: *5 min*
Portionen: *1*
Schwierigkeit: *leicht*

Zutaten

- 75g Eiweißbrot
- 50g körniger Frischkäse
- 20g Radieschen
- 15g Rucola
- 10g Eisbergsalat
- 1 Ei Größe M
- Salz und Pfeffer

Zubereitung

1.) Zunächst das Ei in der Pfanne braten. Während des Bratens ein wenig mit Salz und Pfeffer würzen. Im Idealfall das Ei so formen, dass es optimal auf das ganze Brötchen passt.

2.) Daran anschließend das Salatblatt entfernen und gemeinsam mit den Radieschen und dem Rucola gründlich abwaschen. Anschließend alles in mundgerechte Stücke schneiden.

3.) Als letzten Schritt das Brot großzügig mit dem körnigen Frischkäse bestreichen. Nun belegen: zunächst den Salat und den Rucola, dann das Ei platzieren. Mit den Radieschen und bei denen, die es würzig mögen, mit Salz, Pfeffer oder anderen Gewürzen garnieren.

Tipp: Wer nicht so gerne Spiegelei isst, kann alternativ auch Rührei zubereiten und dieses auf seinem Eiweißbrot platzieren. Ist zwar schwieriger zu essen, aber genauso lecker!

Av-Qui Buddha Bowl

KH 15g | EW 15g | F 22g

Zubereitungszeit: *15 min*
Portionen: *1*
Schwierigkeit: *leicht*

Zutaten

- 50g Avocado
- 40g Gouda (jung)
- 30g Karotten
- 30g Gurke
- 30g Feldsalat
- 30g Paprika
- 15g Quinoa (bunt)
- 1 Limette
- 1 Ei
- Meersalz und Pfeffer

Zubereitung

1) Zuerst einen Topf mit Wasser darin zum Kochen bringen und anschließend das Ei für etwa 8-10 Minuten hart kochen. Den Quinoa in einem sehr feinen Sieb, unter fließendem Wasser, gründlich abwaschen. Nachdem er komplett sauber ist, in einen Topf mit Wasser bedeckt geben und 5-10 Minuten köcheln lassen. Anschließend mit Salz und Pfeffer würzen.

2) Das Gemüse und den Salat gründlich abwaschen und abtropfen lassen. Alternativ leicht mit einem Küchenpapier abtupfen. Alles in kleine Stücke schneiden, die Karotte gut schälen und mit einer Reibe reiben.

3) Die Avocado halbieren, von ihrem Kern befreien und das Fruchtfleisch in Würfel schneiden. Danach mit dem Saft der Limette beträufeln, damit keine braune Verfärbung zustande kommt.

4) Zuletzt den Gouda in Würfel schneiden. Den Salat in eine Schüssel geben und darauf dann das Gemüse und den Käse portionsweise drauf geben. Den Quinoa mit einem Schuss Limettensaft mittig anrichten. Nun noch das Ei abpellen und an eine freie Stelle in der Bowl geben. Am Ende alles nach Belieben gut würzen und das Meisterwerk servieren.

Crêpe-Sandwich

KH 2g | EW 23g | F 16g

Zubereitungszeit: 10 min
Portionen: 3
Schwierigkeit: leicht

Zutaten

- 50g Tomate
- 50g Proteinpulver
- 20g Kokosöl
- 15g Schinken
- 10g Eisbergsalat
- 4 Eier Größe L
- 1 EL Honig
- etwas Wasser
- Salz und Pfeffer

Zubereitung

1) Zunächst das Eiweißpulver, die Eier und den Honig miteinander zu einem Teig vermengen. Damit ein schöner glatter Teig entsteht ein wenig Wasser hinzugeben. Danach den Teig gut mit Salz und Pfeffer würzen.

2) Nun eine Pfanne erhitzen und anschließend das Kokosöl hinzugeben. Am besten das Kokosöl mit einem Küchentuch verteilen.

3) Die Hitzestufe nun auf mittlere Hitze einstellen und danach ein wenig Teig dünn in die Pfanne geben. Dem Teig genug Zeit geben, um gut gebacken werden zu können. Nach 2 Minuten wenden und die andere Seite backen. Nach weiteren 2 Minuten der Pfanne entnehmen und auf einem Teller, mit einem Küchentuch, darauf abkühlen lassen.

4) Die Tomaten und den Salat heiß abwaschen und in Stücke schneiden. Den Schinken ebenfalls klein schneiden. Nun kann der Crêpe belegt und anschließend verzehrt werden. Wer es lieber warm mag, kann die fertigen Sandwiches zuvor in einer Pfanne erwärmen.

Protein Pancakes

KH 3g | EW 20g | F 22g

Zubereitungszeit:	*15 min*
Portionen:	*2*
Schwierigkeit:	*leicht*

Zutaten

- 90ml Kokosmilch
- 50g Frischkäse
- 30g Proteinpulver (am besten: Schoko)
- 15ml Kokosöl
- 5g Kokosraspel
- 1 Ei Größe L
- 1 TL Vanilleextrakt
- 1 TL Kakaopulver (roh)
- 1 TL Backpulver

Zubereitung

1.) Die Koksmilch mit dem Frischkäse, dem Ei, dem Vanilleextrakt, Protein- und Backpulver in einer großen Schüssel vermengen. Das Ganze muss so lange verrührt werden, bis eine dickflüssige Schokoladenmasse entsteht. Nachdem der Teig die geeignete Konsistenz hat, eine Pfanne erhitzen und das Kokosöl hineingeben, mit einem Küchentuch verteilen und schmelzen lassen. Anschließend auf die mittlere Stufe runterstellen, da ansonsten die Pancakes zu schnell verbrennen.

2.) Den Teig gleichmäßig aufteilen und je eine kleine Kelle mit Teig in die Pfanne geben. Nun den Pancake so lange braten, bis er eine leicht goldbraune Färbung hat. Danach wenden und das Gleiche auch mit der anderen Seite machen. Die fertigen Pancakes aus der Pfanne nehmen und auf einem Küchentuch abtropfen lassen.

3.) Sobald 5 Pancakes übereinander gestapelt sind, kann dieser Stapel nach Belieben garniert werden. Dafür eignen sich besonders diverse Früchte oder eine zuckerfreie Schokoglasur. Zum Schluss mit Kokosraspeln bestreuen.

Protein Waffeln

KH 11g | EW 45g | F 17g

Zubereitungszeit: 20 min
Portionen: 1
Schwierigkeit: leicht

Zutaten

- 50ml Milch (1,5% Fett)
- 30g Proteinpulver (Vanille)
- 10g Quark
- 5g Honig
- 5g Ahornsirup
- 2 Eier Größe M
- etwas Wasser

Zubereitung

1) Das Waffeleisen erwärmen und mit ein wenig Kokosöl bestreichen.

2) Anschließend den Quark, die Milch, das Proteinpulver, die Eier, den Honig und das Wasser in eine Schüssel geben und gut miteinander vermengen bis ein glatter Teig entsteht.

3) Dann den Teig portionsweise in das Waffeleisen füllen (etwa 1 Kelle und gründlich verteilen). Die Waffel so lange backen bis sie goldbraun ist.

4) Danach den ganzen Teig gleichmäßig aufteilen und die Waffeln backen, abkühlen lassen, zu einem Stapel formen und mit Ahornsirup garnieren.

Käse-Omelett

KH 9g | EW 27g | F 21g

Zubereitungszeit: *20 min*
Portionen: *4*
Schwierigkeit: *leicht*

Zutaten

- 250g Junger Blattspinat
- 60g Parmesan
- 8 Eier Größe M
- 3 EL Öl
- 1 Knoblauchzehe
- 1 Zwiebel (klein)
- 1 Packung Paprika Quark
- Muskatnuss (gerieben)
- Salz und Pfeffer

Zubereitung

1) Den Spinat waschen und gut abtrocknen. In einem Topf 1 EL Öl erhitzen und anschließend die Zwiebeln und den Knoblauch hineingeben, für 2 Minuten andünsten lassen. Den Spinat hinzugeben, in dem Topf zusammenfallen lassen und nach Belieben würzen. Nach dem Würzen den Spinat in ein Sieb geben und abtropfen lassen.

2) Den Parmesan reiben. Die Eier trennen, das Eiweiß steif schlagen. Die Eigelbe mit 50g Parmesan unter die Eiweißmasse heben und anschließend den Spinat hinzugeben. Die Masse ordentlich würzen. Eine ofenfeste Pfanne erhitzen und danach Öl hineingeben. Gleichzeitig den Ofen auf 180°C Umluft vorheizen.

3) Die Eiweißmasse in die Pfanne füllen und auf mittlerer Hitze etwa 3 Minuten stocken lassen. Den restlichen Käse großzügig auf dem Omelett verteilen und alles in den vorgeheizten Ofen geben. Dort ca. 10 Minuten weiter stocken lassen.

4) Den Quark abschmecken und nach dem Fertigstellen des Omeletts gemeinsam servieren.

Pilzomelett

KH 6g | EW 38g | F 41g

Zubereitungszeit: 20 min
Portionen: 2
Schwierigkeit: leicht

Zutaten

- 70g Champignons
- 50ml Sahne
- 40g Zwiebel
- 8 Eier Größe M
- 5g Petersilie
- 1 EL Olivenöl
- 1 Lauchzwiebel
- Meersalz und Pfeffer

Zubereitung

1) Zunächst die Eier in eine Schüssel geben. Anschließend zusammen mit der Sahne verquirlen.

2) Die Zwiebel schälen und in Ringe schneiden. Gleichzeitig die Champignons und die Lauchzwiebel gründlich putzen und in Scheiben schneiden. Die Petersilie waschen, trocken schütteln und klein hacken.

3) Eine Pfanne erhitzen und danach Öl hineingeben. Darin die Zwiebel mit den Champignons anbraten. Nachdem beides goldbraun ist, entfernen und beiseite stellen. Nun die Eier würzen und die Hälfte in die Pfanne geben und gebraten werden. Dabei sollte die Hitze auf der mittleren Stufe sein, da ansonsten die Unterseite zu leicht anbrennt.

4) Nun die Lauchzwiebel, die Petersilie und die angebratenen Zwiebeln mit den Pilzen auf die Eiermasse geben und mit dem restlichen Ei bedecken. Dann muss das Omelett erst einmal stocken. Sobald das Omelett genug gestockt ist, das Omelett aus der Pfanne nehmen und verzehren.

Quinoa mit Ei und Avocado

KH 49g | EW 27g | F 40g

Zubereitungszeit:	*25min*
Portionen:	*1*
Schwierigkeit:	*leicht*

Zutaten

- 120g Avocado
- 50g Quinoa
- 10g Chia Samen
- 2 Eier Größe M
- 1 Limette
- Meersalz und Pfeffer

Zubereitung

1) Die Avocado abspülen, in der Hälfte durchschneiden und von der Schale lösen. Das Fruchtfleisch in ca. 1cm dicke Streifen schneiden.

2) Nun Wasser in einem Topf zum Kochen bringen und die Eier für 10 Minuten hart kochen. Anschließend abschrecken und von der Schale befreien. Die Eier in ca. 1cm dicke Scheiben schneiden.

3) Danach in einem Sieb den Quinoa gründlich unter fließendem Wasser abspülen, in einen Topf geben und mit Wasser bedecken. 10 Minuten lang bissfest kochen und dann durch ein Sieb abgießen.

4) Die Limette heiß abwaschen, etwas Schale abreiben und dann den Quinoa mit dem Saft beträufeln. Mit Meersalz und Pfeffer abschmecken.

5) Die Avocado und die Eier auf den Quinoa legen und mit den Chia Samen bestreuen. Mit der abgeriebenen Limettenschale, einigen Spritzern Limettensaft, Meersalz und Pfeffer abschmecken.

Rührei mit Bacon und Mangold

KH 3g | EW 42g | F 45g

Zubereitungszeit:	*25min*
Portionen:	*1*
Schwierigkeit:	*leicht*

Zutaten

- 50g Bacon
- 20g Mangold
- 20g Cherrytomaten
- 3 Eier Größe M
- 1 EL Sahne
- etwas Walnussöl
- Meersalz und Pfeffer

Zubereitung

1) Den Mangold und die Cherrytomaten waschen und gut abtrocknen. Die Cherrytomaten halbieren.

2) Anschließend die drei Eier zusammen mit der Sahne in einer Schüssel verquirlen. Je nach Geschmack mit Meersalz und Pfeffer abschmecken.

3) Das Öl in einer Pfanne erhitzen, den Bacon darin kross anbraten und anschließend auf ein Küchentuch geben.

4) Die Ei-Sahne-Mischung in die eben verwendete Pfanne gießen und unter gelegentlichem Wenden so lange anbraten, bis die Eier gar sind.

5) Das Rührei zusammen mit den halbierten Tomaten, dem Mangold und dem Bacon auf einem Teller anrichten. Einige Spritzer Öl über die Cherrytomaten und den Mangold geben, anschließend mit Meersalz und Pfeffer nach Geschmack würzen.

Avocado-Hähnchen-Omelett

KH 19 | EW 55g | F 45g

Zubereitungszeit:	*20min*
Portionen:	*1*
Schwierigkeit:	*leicht*

Zutaten

- 130g Avocado
- 100g Hähnchenbrust (gebraten)
- 70g grüne Paprika
- 70g rote Paprika
- 15g Petersilie
- 3 Eier Größe M
- 1 EL Sahne
- etwas Olivenöl
- Meersalz und Pfeffer

Zubereitung

1) Zunächst die Hähnchenbrust in grobe Stück schneiden und dann in eine Pfanne mit etwas Olivenöl geben und darin kross anbraten. Mit Salz und Pfeffer abschmecken.

2) Zuerst die beiden Paprikas waschen, halbieren und in Würfel schneiden. Die Avocado waschen, in der Mitte durchschneiden und eine Hälfte von der Schale befreien. Anschließend in ca. 1cm dicke Streifen schneiden.

3) Dann die Petersilie waschen, trocken schütteln und fein hacken. Das Hähnchenbrustfilet in Streifen schneiden.

4) Die Eier zusammen mit der Sahne in einer Schüssel verquirlen und mit Meersalz und Pfeffer würzen. Öl in einer Pfanne erhitzen und die Eimasse hineingeben. Sobald die Masse gestockt ist vorsichtig wenden.

5) Das fertige Omelett auf einen Teller legen und die Hähnchenbruststreifen zusammen mit den Avocadostreifen in der Mitte platzieren. Das Omelett zuklappen und die Paprikawürfel dazugeben. Mit etwas Olivenöl beträufeln. Mit Salz, Pfeffer und der Petersilie garnieren.

Mit Ei und Bacon überbackene Avocado

KH 12g | EW 21g | F 46g

Zubereitungszeit:	*20 min*
Portionen:	*2*
Schwierigkeit:	*leicht*

Zutaten

- 250g Avocado
- 100g Bacon
- 25g Gouda (gerieben)
- 2 Eier Größe M
- etwas Olivenöl
- Meersalz und Pfeffer

Zubereitung

1) Die Avocado waschen, halbieren und dann den Kern entfernen. Es kommt jeweils ein Ei in die Aussparung vom Kern. Je nach Größe der Avocado muss diese also etwas vergrößert werden. Überschüssiges Fruchtfleisch kann am Ende zusammen mit den Cherrytomaten serviert werden.

2) Die beiden Avocadohälften auf ein mit Backpapier belegtes Backblech legen. Den Backofen auf 180°C vorheizen.

3) Den Bacon in kleine Würfel schneiden und in einer erhitzten Pfanne anbraten. Anschließend gleichmäßig über die Eier verteilen. Mit geriebenem Käse bestreuen.

4) Die beiden Avocadohälften mit Pfeffer und Meersalz würzen und anschließend auf mittlerer Schiene für etwa 15 Minuten backen.

5) Die Avocadohälften aus dem Ofen nehmen und je nach Belieben mit etwas Walnussöl, Olivenöl oder einem anderen Öl beträufeln.

Champignon-Schinken-Omelett

KH 6g | EW 62g | F 36g

Zubereitungszeit:	*15 min*
Portionen:	*1*
Schwierigkeit:	*leicht*

Zutaten

- 100g Kochschinken
- 70g Champignons
- 15g Petersilie
- 10ml Sahne
- 10ml Mineralwasser
- 4 Eier Größe M
- etwas Olivenöl
- Meersalz und Pfeffer

Zubereitung

1) Die Petersilie waschen, trocken schütteln und fein hacken. Anschließend die Champignons gründlich waschen und in dünne Scheiben schneiden.

2) Den Kochschinken in Würfel schneiden. Dann die vier Eier in einer Schüssel zusammen mit der Sahne und dem Mineralwasser verquirlen.

3) Die Petersilie unter die Eier rühren, mit Pfeffer und Meersalz würzen.

4) Das Öl in der Pfanne erhitzen und die Champignons scharf anbraten. Danach die Champignons aus der Pfanne nehmen und auf ein Küchentuch geben.

5) Die Eimischung direkt danach in die Pfanne geben und bei mittlerer Hitze garen, bis die Unterseite des Omeletts gestockt ist. Das Omelett vorsichtig wenden und zu Ende garen.

6) Zum Schluss das Omelett auf einen Teller geben, die Champignons und die Schinkenwürfel darauf legen und das Omelett zuklappen.

Spiegelei mit Schinken und Brokkoli

KH 3g | EW 26g | F 15g

Zubereitungszeit: *15 min*
Portionen: *1*
Schwierigkeit: *leicht*

Zutaten

- 50g Kochschinken
- 50g Brokkoli
- 15g Dill
- 2 Eier Größe M
- etwas Olivenöl
- Meersalz und Pfeffer

Zubereitung

1) Zuerst den Kochschinken in Würfel schneiden und danach den Brokkoli waschen. Je nach Größe und Geschmack die einzelnen Brokkoliröschen zerkleinern.

2) Dann den Dill waschen, trocken schütteln und fein hacken.

3) Das Olivenöl in einer Pfanne erhitzen und den Brokkoli darin andünsten.

4) Anschließend die Eier in die Pfanne schlagen und den Dill großzügig drüber streuen.

5) Die Schinkenwürfel dazugeben und bei mittlerer Hitze die Eier fertig braten.

6) Die fertigen Spiegeleier mit Pfeffer und Meersalz würzen und mit etwas Olivenöl beträufeln.

43

Rucola-Tomaten-Salat mit Mozzarella

KH 14g | EW 18g | F 29g

Zubereitungszeit:	*15 min*
Portionen:	*1*
Schwierigkeit:	*leicht*

Zutaten

- 100g Cherrytomaten
- 100g Rucola
- 50g Mozzarella
- 25g Walnusskerne
- 10g Chia Samen
- etwas Olivenöl
- etwas Balsamico
- Meersalz und Pfeffer

Zubereitung

1) Den Rucola waschen, trocken schütteln und die langen Stiele abschneiden.

2) Die Cherrytomaten waschen und halbieren. Anschließend den Mozzarella in dünne Scheiben schneiden.

3) Nun den Rucola, halbierte Cherrytomaten, Mozzarella und Walnusskerne in einer Schüssel vermischen.

4) Den Salat mit Chia Samen bestreuen und mit Meersalz und Pfeffer würzen.

5) Zu guter Letzt etwas Balsamico und Olivenöl darüber geben.

Heidelbeeren-Nuss-Müsli

KH 22g | EW 16g | F 35g

Zubereitungszeit: *10 min*
Portionen: *1*
Schwierigkeit: *leicht*

Zutaten

- 100g Naturjoghurt (3,5% Fett)
- 50g Heidelbeeren
- 20g Haselnüsse
- 20g Walnusskerne
- 20g Mandeln
- 10g Chia Samen
- 10g Sonnenblumenkerne
- 1 Limette

Zubereitung

1) Zunächst die Nüsse in einen Frischhaltebeutel geben, verschließen und die Nüsse mit einem Topf oder der Hand grob zerkleinern. Alternativ mit einem Messer klein hacken.

2) Die Limette waschen, etwas Schale abreiben und halbieren. Den Joghurt in eine Schüssel geben. Mit dem Saft der halben Limette und der abgeriebenen Schale vermengen.

3) Die zerkleinerten Nüsse in den Joghurt geben und gut unterrühren.

4) Dann die Chia Samen und Sonnenblumenkerne dazugeben und ebenfalls einrühren.

5) Zum Schluss die Heidelbeeren über die Joghurtmischung geben.

Omelett Pizza

KH 5g | EW 66g | F 60g

Zubereitungszeit:	*20 min*
Portionen:	*1*
Schwierigkeit:	*leicht*

Zutaten
- 50g Mozzarella (gerieben)
- 50g Schinken
- 25g Gouda (gerieben)
- 25g Emmentaler (gerieben)
- 20ml Sahne
- 10g Basilikum (getrocknet)
- 4 Eier Größe M
- etwas Olivenöl
- Meersalz und Pfeffer

Zubereitung

1) Zuerst die Eier zusammen mit der Sahne in einer Schüssel verquirlen. Den geriebenen Gouda und Emmentaler, etwas Basilikum, Meersalz und Pfeffer in die Eiermasse einrühren.

2) Nun den Ofen auf 180°C vorheizen und etwas Olivenöl in einer Pfanne erhitzen.

3) Die Eimischung bei mittlerer Hitze in die Pfanne geben und so lange garen, bis das Omelett gestockt ist. Danach das Omelett vorsichtig wenden und fertig braten.

4) Anschließend das Omelett auf ein mit Backpapier ausgelegtes Backblech legen, mit Schinken und Mozzarella belegen und für etwa 10 Minuten backen.

5) Die Omelett Pizza aus dem Ofen nehmen, sobald der Mozzarella geschmolzen ist.

6) Zu guter Letzt die Omelett Pizza mit dem restlichen Basilikum bestreuen.

Sandwich mit pochiertem Ei und Guacamole

KH 23g | EW 32g | F 34g

Zubereitungszeit:	*20 min*
Portionen:	*2*
Schwierigkeit:	*mittel*

Zutaten

- 250g Avocado
- 150g Eiweißbrot
- 50g Tomate
- 2 Eier Größe M
- 2 EL Essig
- 1 Limette
- etwas Olivenöl
- Meersalz

Zubereitung

1) Zuerst Avocado waschen und halbieren. Dann das Fruchtfleisch von der Schale und dem Kern lösen und in eine Schüssel geben. Mit einer Gabel oder einem Kartoffelstampfer das Fruchtfleisch cremig zerstampfen. Die Limette waschen, halbieren und den Saft zum Avocadofruchtfleisch geben. Die Tomate waschen, halbieren und eine Hälfte in kleine Würfel schneiden. Ebenfalls in die Schüssel geben.

2) Einen Esslöffel Olivenöl, etwas Meersalz und Pfeffer in die Schüssel geben und alles gut verrühren. Nun die beiden Eier in jeweils eine Tasse aufschlagen.

3) Dann in einem Topf einen Liter Wasser mit zwei Esslöffeln Essig zum Sieden bringen. Falls das Wasser zu sprudeln beginnt den Topf kurz vom Herd nehmen und etwas abkühlen lassen. Die beiden Eier nacheinander ins heiße Wasser gleiten lassen.

4) Mit zwei Esslöffeln das Eiweiß, um das Eigelb der Eier drücken, sodass das Eigelb umschlossen wird. Die Eier für etwa 3 Minuten fertig garen lassen, bis das Eiweiß gestockt ist und dann vorsichtig aus dem Wasser holen. Zum Schluss das Low Eiweiß Brot toasten, beide Seiten mit Guacamole bestreichen und je ein pochiertes Ei zwischen die Brotscheiben geben.

Low Carb Brot mit Aal und Rührei

KH 10g | EW 57g | F 53g

Zubereitungszeit:	*15 min*
Portionen:	*1*
Schwierigkeit:	*leicht*

Zutaten

- 100g Aal (geräuchert)
- 75g Eiweißbrot
- 15g Dill
- 2 Eier Größe M
- etwas Olivenöl
- Meersalz und Pfeffer

Zubereitung

1) Zuerst den Dill waschen, trocken schütteln und klein hacken. Anschließend den geräucherten Aal von seiner Haut befreien.

2) Dann die Eier in einer Schüssel miteinander verquirlen und mit Pfeffer und Meersalz würzen.

3) Nun etwas Öl in einer Pfanne erhitzen und die Eimischung hineingeben. Unter regelmäßigen Wenden das Rührei fertig garen.

4) Zum Schluss das Rührei auf die beiden Brotscheiben aufteilen und den Aal auf das Rührei geben.

5) Mit Dill bestreuen und genießen.

Avocadostücke im Speckmantel

KH 24g | EW 26g | F 85g

Zubereitungszeit: *20 min*
Portionen: *1*
Schwierigkeit: *leicht*

Zutaten
- 250g Avocado
- 150g Speck (gewürfelt)
- 1 Limette
- etwas Olivenöl
- Meersalz und Pfeffer

Zubereitung

1) Zuerst die Limette waschen, etwas Schale abreiben und halbieren. Die einzelnen Speckstücke auf einem Teller verteilen.

2) Dann die Avocado waschen und halbieren. Den Kern entfernen und die Avocadohälften jeweils in der Mitte durchschneiden.

3) Die Avocadostücke von ihrer Schale befreien und mit dem Limettensaft beträufeln. Dadurch verfärben sich die einzelnen Stücke nicht braun.

4) Die Avocadostücke nacheinander in Speck einrollen und anschließend etwas Öl in einer Pfanne erhitzen.

5) Die Avocadostücke von allen Seiten goldbraun braten und auf ein Papiertuch legen, sobald sie fertig sind.

6) Zu guter Letzt auf einem Teller servieren. Mit Pfeffer, Meersalz, der abgeriebenen Limettenschale und etwas Limettensaft abschmecken.

Geräucherter Lachs auf Low Carb Brot

KH 7g | EW 49g | F 27g

Zubereitungszeit: 10 min
Portionen: 1
Schwierigkeit: leicht

Zutaten
- 100g geräucherter Lachs
- 75g Low Carb Brot
- 15g Petersilie
- 1 Limette
- etwas Butter

Zubereitung

1) Zunächst die Limette gründlich heiß waschen, abtrocknen, etwas Schale abreiben und dann halbieren.

2) Dann die Petersilie waschen, trocken schütteln und klein hacken.

3) Zwei Scheiben Low Carb Brot mit Butter bestreichen und großzügig mit Lachs belegen.

4) Den Limettensaft über den Lachs träufeln. Mit der abgeriebenen Limettenschale und der gehackten Petersilie bestreuen.

Gefüllte Paprika mit Hüttenkäse und Tomaten

KH 6g | EW 13g | F 4g

Zubereitungszeit: *10 min*
Portionen: *2*
Schwierigkeit: *leicht*

Zutaten

- 200g Hüttenkäse
- 100g Tomaten
- 70g Paprika (rot)
- 15g Dill
- 10g Chia Samen
- etwas Olivenöl
- Meersalz und Pfeffer

Zubereitung

1) Die Paprika halbieren und entkernen. Anschließend gründlich waschen und abtrocknen.

2) Danach den Dill waschen, trocken schütteln und klein hacken.

3) Nun die Tomaten waschen und in kleine Würfel schneiden.

4) In einer Schüssel Hüttenkäse, Dill, etwas Olivenöl, Tomatenwürfel und Chia Samen miteinander vermischen. Mit Meersalz und Pfeffer abschmecken.

5) Die Hüttenkäsemischung auf die beiden Paprikahälften aufteilen und auf einem Teller servieren.

Tomaten-Eier-Salat mit frischem Dressing

KH 10g | EW 20g | F 15g

Zubereitungszeit:	*20 min*
Portionen:	*1*
Schwierigkeit:	*leicht*

Zutaten
- 100g Tomaten
- 15g Dill
- 2 Eier Größe M

Für das Dressing
- 50g Naturjoghurt (3,5% Fett)
- 1 Limette
- 1 EL Balsamico
- Meersalz und Pfeffer

Zubereitung

1) Zunächst die Tomaten waschen, abtrocknen und in feine Scheiben schneiden. Dann den Dill waschen, trocken schütteln und klein hacken.

2) In einem Topf Wasser zum Kochen bringen. Sobald das Wasser kocht, die Eier hineingeben und für 10 Minuten hart kochen. Danach mit kaltem Wasser abschrecken und die Schale entfernen.

3) Anschließend die Eier in Scheiben schneiden und zusammen mit den Tomaten in eine Schüssel geben.

4) Die Limette waschen, etwas Schale abreiben und halbieren. In einer kleinen Schüssel den Joghurt mit dem Saft einer halben Limette, der abgeriebenen Schale, Balsamico, Meersalz und Pfeffer mischen und ordentlich verrühren.

5) Das Dressing über die Eier und Tomaten geben und genießen.

Morgendlicher Powerjoghurt

KH 18g | EW 16g | F 17g

Zubereitungszeit:	10 min
Portionen:	2
Schwierigkeit:	leicht

Zutaten

- 200g Naturjoghurt (3,5% Fett)
- 100g Quark (20% Fett)
- 50g Brombeeren
- 50g Himbeeren
- 20g Chia Samen
- 20g Sonnenblumenkerne
- 10g Leinsamen
- 10g Goji Beeren
- 1 Limette

Zubereitung

1) Zuerst alle Beeren und die Limette gründlich unter fließendem Wasser waschen und abtrocknen. Dann etwas Schale der Limette abreiben und halbieren.

2) In einer großen Schüssel den Joghurt und Quark zusammen mit jeweils der Hälfte der Brombeeren und Himbeeren verrühren. Den Saft der Limette und die abgeriebene Schale dazugeben. Die Mischung anschließend mit einem Stabmixer pürieren.

3) Den Powerjoghurt auf zwei Schüsseln verteilen und die restlichen Beeren zu gleichen Teilen unterrühren. Zum Schluss die Chia Samen, Leinsamen, Sonnenblumenkerne und die Goji Beeren einrühren.

Mit Lachs gefüllte Avocadohälften

KH 14g | EW 20g | F 32g

Zubereitungszeit:	*15 min*
Portionen:	*2*
Schwierigkeit:	*leicht*

Zutaten

- 250g Avocado
- 100g Lachs
- 100g Gurke
- 50g Frischkäse
- 15g Petersilie
- 1 Limette
- Meersalz und Pfeffer

Zubereitung

1) Zuerst die Avocado waschen, trocknen und halbieren. Den Kern entfernen und jeweils eine Hälfte auf einen Teller legen. Die Limette heiß abwaschen, etwas Schale abreiben und dann auspressen. Die Hälfte des Saftes über die Avocadohälften träufeln.

2) Dann die Gurke waschen, schälen und in kleine Würfel schneiden.

3) Den Lachs ebenfalls in kleine Würfel schneiden. Die Petersilie waschen, trocken schütteln und fein hacken.

4) Anschließend den Frischkäse mit der abgeriebenen Limettenschale und der anderen Hälfte des Saftes mischen. Mit Meersalz und Pfeffer abschmecken.

5) Die Gurke und Lachswürfel in den Frischkäse einrühren und die Petersilie dazugeben.

6) Die beiden Avocadohälften mit der Frischkäsemischung befüllen und genießen.

Frühstücksröllchen mit Schinken

KH 5g | EW 43g | F 32g

Zubereitungszeit: 20 min
Portionen: 1
Schwierigkeit: leicht

Zutaten
- 50g Schinken
- 50ml Milch (1,5% Fett)
- 50g geriebenen Emmentaler
- 15g Petersilie
- 2 Eier Größe M
- Meersalz und Pfeffer

Zubereitung

1) Zuerst die Petersilie waschen, trocken schütteln und klein hacken.

2) Dann die beiden Eier mit der Milch in einer Schüssel verquirlen. Petersilie, Salz und Pfeffer in die Eiermasse einrühren.

3) Nun das Öl in einer Pfanne erhitzen und die Eiermasse hineingeben. Bei mittlerer Hitze die Eiermasse stocken lassen. Dann den geriebenen Käse drüberstreuen und das gestockte Ei mit Schinken belegen.

4) Nachdem der Käse geschmolzen ist, auf einen Teller legen und einrollen. Fertig sind die Frühstücksröllchen.

Mittag

Gefüllte Zucchini

KH 14g | EW 23g | F 14g

Zubereitungszeit:	*25 min*
Portionen:	*2*
Schwierigkeit:	*leicht*

Zutaten

- 300g Zucchini
- 200g Quark
- 150g Frischkäse
- 50g Paprika (rot)
- 50g Paprika (gelb)
- 15g Petersilie
- 1 TL Olivenöl
- 1 Zitrone
- Meersalz und Pfeffer

Zubereitung

1) Die Zucchini und die beiden Paprikas gründlich abwaschen und abtropfen lassen. Die Zucchini in dünne, lange Streifen schneiden und salzen. Die Paprikas halbieren und von dem Stiel und den Kernen befreit. Danach ebenfalls in Streifen schneiden.

2) Die Petersilie waschen, trocken schütteln und fein hacken. Die Zitrone mit heißem Wasser gründlich abwaschen und anschließend halbieren.

3) Den Quark, den Frischkäse, die gehackte Petersilie und den Saft der Zitrone in eine Schüssel geben und gründlich verrühren. Das Ganze noch mit Gewürzen abschmecken.

4) Eine Pfanne erhitzen und Öl hinzugeben. Die Zucchini mit einem Küchenpapier abtrocknen und in die heiße Pfanne geben. Dort beide Seiten anbraten und sobald sie fertig ist auf ein Brett geben.

5) Die einzelnen Zucchinistreifen mit der Frischkäsemischung bestreichen und am Ende ein Stück Paprika platzieren. Den Streifen gleichmäßig aufrollen und auf einem Teller zum Servieren anrichten.

Spaghetti Bolognese

KH 17g | EW 60g | F 30g

Zubereitungszeit:	*25 min*
Portionen:	*3*
Schwierigkeit:	*leicht*

Zutaten

- 500g passierte Tomaten
- 400g Eiweißnudeln
- 400g Rinderhackfleisch
- 150g Karotten
- 100g Cherrytomaten
- 50g Gemüsezwiebel
- 50g Parmesan
- 20g Schinkenspeck
- 5g Basilikum
- 1 rote Chilischote
- 1 Knoblauchzehe
- 1TL Olivenöl

Zubereitung

1) Zuerst die Zwiebel schälen. Dann den Schinken und die Zwiebeln in kleine Stücke schneiden. Öl in einer Pfanne erhitzen und die Zwiebeln kurz darin andünsten. Den Schinken dazugeben und ebenfalls kurz anbraten. Die Schale des Knoblauchs entfernen und dann durch eine Knoblauchpresse geben.

2) Das Rindfleisch mit in die Pfanne geben und anbraten. Danach die Chilischote und den Knoblauch hinzugeben. Mit Salz und Pfeffer würzen. Nun mit den passierten Tomaten ablöschen und das Ganze mit Wasser verdünnen.

3) Die Karotte schälen und klein in die Soße reiben. Die Cherrytomaten waschen, vierteln und ebenfalls hinzugeben. Dann für etwa 15 Minuten köcheln lassen und abschmecken.

4) Einen Topf mit Wasser aufsetzen und sobald das Wasser köchelt, salzen und die Nudeln hineingeben. Solange kochen bis sie bissfest sind. Nun alles zusammen auf einem Teller anrichten und mit dem geriebenen Parmesan und den Basilikumblättern garnieren.

Garnelen auf Zucchininudeln

KH 5g | EW 30g | F 3g

Zubereitungszeit:	20 min
Portionen:	4
Schwierigkeit:	leicht

Zutaten

- 500g Garnelen (essfertig)
- 400g Zucchini
- 15g Petersilie
- 2 Zitronen
- 2 Knoblauchzehen
- etwas Öl
- Salz und Pfeffer

Zubereitung

1) Die Garnelen gut abwaschen und mit einem Küchentuch trocken tupfen. Die Zucchini gründlich waschen, dann ebenfalls abtrocknen und durch einen Spiralschneider geben. Sonst in dünne Streifen schneiden. Die Zitrone mit heißem Wasser gründlich waschen bis der Geruch der Zitrone sich bemerkbar macht und die Schale mit einer Reibe abreiben. Danach halbieren und auspressen. Den Knoblauch schälen und fein würfeln. Die Petersilie ebenfalls waschen, trocken schütteln und abzupfen.

2) Eine Pfanne erwärmen und Öl hineingeben. Die Garnelen währenddessen gut mit Salz und Pfeffer würzen und in der Pfanne anbraten. Unter Wenden etwa 5 Minuten anbraten. Anschließend aus der Pfanne nehmen und stattdessen die Zucchini-Nudeln hineingeben. Diese anbraten und stetig wenden, mit Salz und Pfeffer würzen.

3) Nach dem Anbraten die Garnelen und die Zitronenschale, mit dem Saft zu den Nudeln geben. Das Ganze weiter köcheln lassen. Die restliche Zitrone mit heißem Wasser abwaschen, trocken reiben und in Spalten schneiden. Die Nudeln mit der Petersilie und den Zitronenscheiben garnieren und warm servieren.

Erbsencremesuppe

KH 25g | EW 18g | F 30g

Zubereitungszeit: 15 min
Portionen: 2
Schwierigkeit: leicht

Zutaten
- 500ml Gemüsebrühe
- 400g Erbsen
- 200ml Sahne
- 100g Porree
- 5g Ingwer
- 1 Zwiebel
- 1 Knoblauchzehe
- 1 Bio Zitrone
- etwas Olivenöl
- Meersalz und Pfeffer

Zubereitung

1.) Die Zwiebel und den Knoblauch gründlich schälen und in Würfel schneiden. Den Ingwer ebenfalls schälen und fein reiben. Den Porree gründlich abwaschen und in Ringe schneiden. Die Zitrone heiß abwaschen. Anschließend abtrocknen und mit einer Reibe die Schale fein abreiben. Danach die Zitrone halbieren und eine der Hälften auspressen.

2.) Einen Topf mit Olivenöl aufsetzen und erhitzen. Die Zwiebel, den Knoblauch und den Porree in dem Olivenöl andünsten. Nach dem Andünsten die Erbsen hinzufügen und das Ganze mit dem Fond aufgießen. Die entstandene Suppe nach Belieben würzen und alles etwa 10 Minuten zugedeckt köcheln lassen. Ab und zu umrühren.

3.) Zu guter Letzt den Ingwer und die abgeriebene Zitronenschale mit in die Suppe geben und den Topf von der Herdplatte nehmen. Damit eine wirklich Suppe entsteht mit einem Stabmixer die Suppe pürieren. Die Sahne hinzufügen und ebenfalls mit untermixen. Nun folgt erneut das Würzen mit Zitronensaft, Meersalz und Pfeffer.

Spaghetti mit Pesto

KH 13g | EW 38g | F 23g

Zubereitungszeit: *25 min*
Portionen: *4*
Schwierigkeit: *leicht*

Zutaten

- 500g Eiweißnudeln
- 100g Blattspinat
- 100g Champignons
- 80g Schafskäse
- 50g Sesam
- 50g Oliven (grün, kernlos)
- 50ml Olivenöl
- 15g Pinienkerne
- 10g Parmesan
- 2 Knoblauchzehen
- Meersalz und Pfeffer

Zubereitung

1) Zuerst den Blattspinat und die Petersilie gründlich waschen und anschließend trocken schütteln. Den Knoblauch schälen, zerkleinern und gemeinsam mit den Pinienkerne in einer Pfanne OHNE Öl anrösten, bis alles einen Goldton hat.

2) Den Blattspinat mit den Oliven und dem Schafskäse in einen Mixer geben. Den gerösteten Inhalt der Pfanne ebenfalls in den Mixer geben und alles fein pürieren.

3) Nachdem alle Zutaten zu einer Masse zusammengefügt wurden das Olivenöl gründlich unterrühren und abschmecken. Währenddessen einen Topf mit Wasser aufsetzen und zum Kochen bringen. Sobald das Wasser kocht, eine Prise Salz und die Spaghetti hinzufügen.

4) Die Champignons gründlich abwaschen, putzen, in Scheiben schneiden und in einer heißen Pfanne mit Öl leicht anbraten. Sobald die Nudeln fertig sind abgießen und abschrecken. Anschließend mit dem Pesto umgehend vermischen und vor dem Servieren mit den Champignons und dem geriebenen Parmesan garnieren.

Nudelpfanne mit Brokkoli

KH 24g | EW 40g | F 30g

Zubereitungszeit: *25 min*
Portionen: *1*
Schwierigkeit: *leicht*

Zutaten

- 150g Brokkoli
- 100g Eiweißnudeln
- 100g Lyoner
- 100ml Olivenöl
- 1 Zwiebel

Zubereitung

1.) Zunächst 2 Kochtöpfe mit Wasser aufsetzen und zum Kochen bringen. Die Zwiebel in kleine Stücke, die Lyoner in mundgerechte Stücke schneiden.

2.) Dem kochenden Wasser Salz beifügen und anschließend den geschnittenen Brokkoli hineingeben. Kurz aufkochen lassen und anschließend auf niedrigerer Temperatur köcheln lassen, bis der Brokkoli bissfest ist. Danach den Brokkoli abgießen und mit kaltem Wasser abschrecken, damit die ursprüngliche Farbe des Brokkolis nicht verloren geht.

3.) Währenddessen in dem zweiten Topf Wasser zum Kochen bringen und darin die Eiweißnudeln garen lassen bis diese bissfest sind. Danach ebenfalls abgießen und kurz mit kaltem Wasser abschrecken. Während der Brokkoli und die Eiweißnudeln kochen eine Pfanne erhitzen und anschließend das Öl hineingeben. In der Pfanne nun die Zwiebelstücke und die Würstchenstücke andünsten.

4.) Zu guter Letzt den Brokkoli und die Eiweißnudeln mit in die Pfanne geben und das Ganze zusammen einige Minuten auf mittlerer Stufe braten.

Rosenkohlsalat mit Nüssen

KH 20g | EW 18g | F 40g

Zubereitungszeit:	*20 min*
Portionen:	*2*
Schwierigkeit:	*leicht*

Zutaten
- 250g Avocado
- 200g Rosenkohl
- 50g Wirsing
- 30g Parmesan (gerieben)
- 20g Mandeln
- 20g Walnusskerne
- etwas Butter
- Meersalz und Pfeffer

Zubereitung

1) Zuerst die Mandeln und Walnusskerne mit einem Messer grob hacken.

2) Dann den Rosenkohl waschen. Die welken Blätter und die Stielenden entfernen. In einem Dampfgarer oder einem Topf mit Dampfeinsatz den Rosenkohl im Ganzen mit etwas Wasser für etwa 8 Minuten garen.

3) Den Rosenkohl herausnehmen und in Scheiben schneiden. In eine Schüssel geben und mit einem Teller bedecken damit er nicht kalt wird.

4) Danach die Wirsingblätter waschen und trocknen. Ebenfalls für etwa 3 Minuten im Dampfgarer dämpfen bis die Blätter weich und warm sind. Die Blätter herausnehmen und in Streifen schneiden.

5) In einer Pfanne etwas Butter erhitzen und anschließend den Rosenkohl von allen Seiten darin anbraten. Die grob gehackten Nüsse ebenfalls dazugeben und kurz anbraten.

6) Zu guter Letzt den Rosenkohl, die Nüsse, den Wirsing und den geriebenen Parmesan in einer Schüssel gut vermischen. Mit Meersalz und Pfeffer abschmecken.

Thunfisch mit Limetten-Kräuter-Kruste

KH 1g | EW 31g | F 0g

Zubereitungszeit:	*25 min*
Portionen:	*2*
Schwierigkeit:	*leicht*

Zutaten
- 2 Thunfischsteaks
- 1 Limette
- Olivenöl

Für die Kruste
- 15g Dill
- 15g Rosmarin
- 15g Thymian
- etwas Meersalz
- schwarzen Pfeffer

Zubereitung

1) Zunächst den Backofen auf 120°C Umluft vorheizen. Dann den Dill, Rosmarin, Thymian waschen, trocken schütteln und klein hacken. Die Limette waschen und abtrocknen. Die Kräuter zusammen mit dem Meersalz und dem Pfeffer in einem Mörser zerstoßen.

2) Etwas geriebene Limettenschale mit in den Mörser geben und einige Spritzer Limettensaft dazugeben. Nochmals alles zerstoßen. Die Thunfischsteaks gründlich waschen und sehr gut abtrocknen. Dann Olivenöl in einer Pfanne erhitzen und die Steaks von beiden Seiten scharf anbraten.

3) Danach die beiden Thunfischsteaks in eine mit Alufolie ausgelegte Backform legen und die Oberseite großzügig mit der Kräutermischung bestreichen.

4) Nun für etwa 10 Minuten in den Ofen stellen. Solange backen lassen, bis die Steaks gar sind. Zuletzt die Steaks auf einem Teller servieren und zum Schluss mit Limettensaft beträufeln.

Lachs mit Tomatensalat

KH 5g | EW 50g | F 36g

Zubereitungszeit:	20 min
Portionen:	2
Schwierigkeit:	leicht

Zutaten

- 500g Lachs (à 2 Filets)
- 150g Eisbergsalat
- 150g Cherrytomaten
- 20g Basilikum
- 15g Dill
- 10g Sesam
- 1 Limette
- etwas Butter
- etwas Olivenöl
- Meersalz und Pfeffer

Zubereitung

1) Zunächst den Eisbergsalat waschen, trocken schütteln. Dann in Streifen schneiden und in eine Schüssel geben.

2) Danach die Cherrytomaten waschen und halbieren. Den Basilikum und Dill ebenfalls waschen, trocken schütteln und klein hacken. Die Limette heiß abwaschen, trocknen und halbieren. Dann noch den Lachs gründlich waschen und abtrocknen.

3) Etwas Butter in einer Pfanne erhitzen und den Lachs etwa 5 Minuten pro Seite darin braten. Nach dem ersten Wenden die beiden Lachsfilets mit Meersalz und Pfeffer würzen.

4) Kurz bevor die Lachsfilets fertig gebraten sind, die halbierten Cherrytomaten, Dill, Basilikum und den Sesam in die Pfanne geben und einige Minuten anbraten. Dann den Lachs mit Limettensaft beträufeln.

5) Den Eisbergsalat auf die beiden Teller aufteilen und die Lachsfilets mit den Tomaten darauf servieren.

Blumenkohlreis mit Hähnchen

KH 11g | EW 27g | F 2g

Zubereitungszeit:	*25 min*
Portionen:	*2*
Schwierigkeit:	*leicht*

Zutaten
- 400g Blumenkohl
- 200g Hähnchenfilet
- 10g Minze
- 1 Limette
- Meersalz und Pfeffer

Zubereitung

1) Zuerst die Limette waschen, etwas Schale abreiben und halbieren. Die Minze ebenfalls waschen, trocken schütteln und klein hacken.

2) Dann den Blumenkohl waschen und gründlich abtrocknen. Anschließend den Blumenkohl mit einer Reibe in reiskorngroße Stücke reiben.

3) Nun das Hähnchenfilet waschen, mit einem Küchentuch abtupfen und in dünne Streifen schneiden. Anschließend etwas Öl in einer Pfanne erhitzen und darin das Fleisch anbraten bis es durch ist.

4) Danach Butter in einem Topf erwärmen bis sie geschmolzen ist und den Blumenkohlreis in den Topf geben. Dazu den Saft und die Schale der Limette, Salz, Pfeffer und die gehackte Minze geben. Alles gut mischen. Die Komponenten im Topf nur erwärmen, nicht kochen lassen.

5) Zu guter Letzt das Hähnchenfleisch dazu geben und ebenfalls gut durchmischen. In zwei Schüsseln servieren und genießen.

Wurstpfanne mit Champignons

KH 8g | EW 15g | F 44g

Zubereitungszeit: 25 min
Portionen: 2
Schwierigkeit: leicht

Zutaten

- 200g Fleischwurst
- 200ml Wasser
- 100g Champignons
- 100g Schlagsahne
- 50g Gewürzgurken
- 50g Zwiebeln (eingelegt)
- 15g Petersilie
- 1 EL Senf
- Meersalz und Pfeffer

Zubereitung

1) Zuerst die Champignons waschen, abtrocknen und vierteln. Danach die Petersilie waschen, trocken schütteln und klein hacken.

2) Die Gewürzgurken abtropfen lassen und in Scheiben schneiden. Die eingelegten Zwiebeln ebenfalls abtropfen lassen und halbieren.

3) Danach die Fleischwurst in Scheiben schneiden, eine Pfanne mit etwas Butter erhitzen und die Fleischwurst darin anbraten. Anschließend aus der Pfanne nehmen und die Pilze in die Pfanne geben und braten.

4) Nun die Zwiebeln und Gewürzgurken ebenfalls in die Pfanne geben und einige Minuten mit andünsten. Danach die Wurst wieder in die Pfanne geben.

5) Bei mittlerer Hitze Sahne und Wasser in die Pfanne geben und mit etwas Meersalz und Pfeffer würzen. Alles gut umrühren und etwa 5 Minuten einkochen lassen.

6) Zu guter Letzt die Petersilie und einen Esslöffel Senf unterrühren und alles gut vermischen. In zwei Schüsseln servieren und genießen.

Brokkoli-Steak-Pfanne

KH 9g | EW 42g | F 20g

Zubereitungszeit:	*25 min*
Portionen:	*2*
Schwierigkeit:	*leicht*

Zutaten

- 300g Hüftsteak
- 250g Brokkoli
- 20g Ingwer
- 10g Erdnusskerne
- 10g Mandeln
- 10g Walnusskerne
- 10g Sesam
- 3 EL Sojasoße
- 1 Zwiebel
- Pfeffer

Zubereitung

1) Als Erstes den Brokkoli waschen, abtrocknen und in kleine Röschen zerteilen. Dann Wasser zum Kochen bringen, salzen und den Brokkoli für 3 Minuten in dem kochendem Wasser garen. Wasser abgießen und den Brokkoli abschrecken.

2) Nun die Zwiebel schälen und in kleine Würfel schneiden. Den Ingwer ebenfalls schälen und klein hacken. Die Nüsse grob mit einem Messer zerhacken.

3) Danach das Fleisch unter kaltem Wasser waschen und abtrocknen. Die Steaks in etwa 2cm dicke Streifen schneiden. Etwas Butter in einer Pfanne erhitzen und die Steakstreifen darin für etwa 2 Minuten scharf anbraten.

4) Anschließend den Brokkoli, die Zwiebeln, den Ingwer und die Nüsse in die Pfanne geben und ebenfalls für etwa 2 Minuten anbraten. Bei mittlerer Hitze die Sojasoße mit in die Pfanne geben. Mit Pfeffer würzen und Sesam darüber streuen. Alles gründlich miteinander vermengen und für eine weitere Minute braten. Zu guter Letzt die Brokkoli-Steak-Pfanne auf zwei Teller verteilen und genießen.

Grüne Curry-Kokos Suppe

KH 25g | EW 15g | F 40g

Zubereitungszeit:	*25 min*
Portionen:	*2*
Schwierigkeit:	*leicht*

Zutaten

- 500g Babyspinat
- 400ml Kokosmilch (ungesüßt)
- 200ml Wasser
- 30g Ingwer
- 2 Zwiebeln
- 2 EL Currypulver
- 1 Limette
- etwas Butter
- Meersalz und Pfeffer

Zubereitung

1) Zuerst den Spinat waschen und abtropfen. Einige Spinatblätter als Dekoration der Suppe übrig lassen. Den restlichen Spinat klein schneiden.

2) Die beiden Zwiebeln schälen und würfeln. Den Ingwer ebenfalls schälen und klein hacken. Die Limette heiß waschen und halbieren.

3) In einem Topf etwas Butter erhitzen. Danach den Ingwer und die Zwiebeln in den Topf geben und mit einem Esslöffel Currypulver würzen. Alle Zutaten kurz andünsten und anschließend mit der Kokosmilch und dem Wasser ablöschen.

4) Die Suppe kurz aufkochen lassen und anschließend bei mittlerer Hitze zugedeckt für weitere 5 Minuten köcheln lassen. Dann den Spinat dazugeben und erneut für weitere 5 Minuten köcheln lassen.

5) Danach die Suppe mit einem Pürierstab zerkleinern. Einen weiteren Esslöffel Curry, etwas Meersalz und Pfeffer dazugeben. Den Limettensaft einer halben Limette ebenfalls in die Suppe geben und nochmals alle Zutaten pürieren.

6) Die Suppe mit einigen Spinatblättern garnieren und genießen.

Salat mit gebackenem Ziegenkäse

KH 20g | EW 30g | F 54g

Zubereitungszeit:	*25 min*
Portionen:	*2*
Schwierigkeit:	*leicht*

Zutaten

- 2 Ziegenweichkäse (rund, mit Edelschimmel)
- 250g Avocado
- 100g Eisbergsalatmix
- 100g Himbeeren
- 5g Honig
- 1 TL Senf
- Balsamico
- etwas Olivenöl
- Meersalz und Pfeffer

Zubereitung

1) Zunächst die Himbeeren in einem Sieb unter fließendem kalten Wasser waschen und abtrocknen. Die Avocado waschen, trocknen und halbieren. Dann entkernen und das Fruchtfleisch von der Schale befreien. Die Avocado in Scheiben schneiden.

2) Für die Soße in einer kleinen Schüssel Balsamico, Senf, etwas Honig, Salz, Pfeffer und Olivenöl vermischen. Etwa ¼ der Himbeeren mit einem Löffel zerdrücken und in die Soße einrühren.

3) Den Backofen auf 120°C vorheizen (Ober-/Unterhitze oder Grillfunktion). Dann den restlichen Honig mit den Pinienkernen vermischen.

4) Die beiden Ziegenkäse auf ein Backblech legen und die Pinienkern-Honig-Mischung gleichmäßig über dem Ziegenkäse verteilen. Den Käse einige Minuten im Ofen backen lassen und anschließend rausnehmen.

5) Den Eisbergsalatmix abwaschen und gleichmäßig auf zwei Tellern verteilen, dazu die Avocadoscheiben und die Himbeeren geben. Den Käse jeweils in der Mitte platzieren und mit der Soße beträufeln.

Gurkennudeln mit Erdnusssoße und Sesam

KH 20g | EW 9g | F 14g

Zubereitungszeit:	*25 min*
Portionen:	*2*
Schwierigkeit:	*leicht*

Zutaten

- 300g Gurke
- 150g Karotten
- 50g Frühlingszwiebeln
- 20g Erdnusskerne (ungesalzen)
- 10g Sesam
- 10g Pinienkerne
- 1 EL Erdnussbutter (ungesüßt)
- 1 EL Balsamico
- 1 Limette
- Meersalz und Pfeffer
- etwas Olivenöl

Zubereitung

1) Zuerst die Gurke waschen und abtrocknen. Die Gurke mit einem Spiralschneider in lange Nudeln schneiden. Die Karotte waschen, schälen und mit dem Spiralschneider ebenfalls in lange Nudeln schneiden.

2) Die Frühlingszwiebeln waschen, trocknen und in etwa 1cm dicke Ringe schneiden. Die Limette waschen, trocknen, etwa Schale abreiben und halbieren.

3) In einer kleinen Schüssel die Erdnussbutter mit dem Balsamico, 2 EL Olivenöl, etwas Meersalz, Pfeffer, der abgeriebenen Limettenschale und einigen Spritzern Limettensaft vermischen. Dann Erdnusskerne, Pinienkerne und Sesam unterrühren.

4) Die Karottennudeln mit den Gurkennudeln durchmischen. Die Erdnusssoße dazugeben und alles miteinander vermischen.

5) Die Nudeln anrichten und genießen. Nach Belieben mit etwas Balsamico und Limettensaft beträufeln.

Chilikoteletts mit Bohnen

KH 22g | EW 47g | F 14g

Zubereitungszeit: *25 min*
Portionen: *2*
Schwierigkeit: *leicht*

Zutaten

- 200g Bohnen (grün)
- 2 Schweinekoteletts
- 2 EL Sojasoße
- 1 EL Chilisoße
- 1 EL Olivenöl
- 1 Zitrone
- Chiliflocken
- etwas Butter
- Meersalz und Pfeffer

Zubereitung

1) Zunächst die beiden Koteletts abspülen und gründlich abtupfen. In einer Schüssel die Sojasoße, die Chilisoße und die Chiliflocken zu einer Marinade vermischen. Das Fleisch von beiden Seiten mit der Marinade bestreichen und ziehen lassen.

2) Dann das Salzwasser zum Kochen bringen und die grünen Bohnen im kochenden Wasser etwa 8 Minuten kochen. Anschließend das Wasser abgießen, die Bohnen abschrecken und abtropfen lassen.

3) Die Zitrone gründlich waschen und mit einer Reibe etwas von der Schale abreiben.

4) Die Butter in einer Pfanne erhitzen und die beiden Koteletts pro Seite 2 Minuten scharf braten. Die restliche Marinade über die Koteletts geben. Dazu die Bohnen und die Zitronenschale in die Pfanne geben und alles für weitere 4 Minuten braten. Mit Salz und Pfeffer abschmecken und servieren.

Rote Gemüse-Hackpfanne

KH 29g | EW 30g | F 38g

Zubereitungszeit: 20 min
Portionen: 2
Schwierigkeit: leicht

Zutaten

- 250g Hackfleisch (gemischt)
- 200ml Wasser
- 150g Paprika (rot)
- 100g Crème Fraîche
- 100g Kidneybohnen
- 100g Mais
- 50g Gemüsezwiebel
- 2 EL Tomatenmark
- Meersalz und Pfeffer

Zubereitung

1) Die Paprika waschen, entkernen und in Streifen schneiden. Dann die Zwiebel schälen und in Würfel schneiden. Den Mais und die Kidneybohnen in ein Sieb geben, abwaschen und abtropfen lassen.

2) Nun die Butter in einer Pfanne erhitzen. Die Zwiebel und Paprika kurz anbraten. Anschließend auf einem Küchentuch abtropfen lassen.

3) In der zuvor verwendeten Pfanne das Hackfleisch unter stetigem Umrühren braten. Nach 5 Minuten Tomatenmark, Wasser, Kidneybohnen und Mais hinzugeben. Für etwa 10 Minuten bei mittlerer Hitze und unter stetigem Rühren köcheln lassen.

4) Dann die Zwiebel und Paprika zusammen mit der Crème Fraîche in die Pfanne geben. Mit Meersalz und Pfeffer würzen. Alles gut umrühren, auf zwei Tellern servieren und genießen.

Scharfe Garnelenpfanne mit Gemüse

KH 12g | EW 23g | F 5g

Zubereitungszeit:	*20 min*
Portionen:	*2*
Schwierigkeit:	*leicht*

Zutaten

- 200g Garnelen (tiefgefroren, essfertig)
- 150g Cherrytomaten
- 150g Zucchini
- 40g Frühlingszwiebel
- 15g Petersilie
- 1 Chilischote
- 1 Limette
- Meersalz und Pfeffer

Zubereitung

1) Die Garnelen unter fließendem Wasser waschen. Die Garnelen auf einem Teller zur Seite stellen, damit sie auftauen können. Die Zucchini waschen, halbieren und in etwa 1cm dicke Stücke schneiden. Die Frühlingszwiebeln ebenfalls waschen, abtrocknen und in ca. 1cm dicke Ringe schneiden. Die Cherrytomaten waschen, trocknen und halbieren.

2) Nun die Petersilie waschen, trocken schütteln und klein hacken. Dann die Chilischote waschen, der Länge nach halbieren und entkernen. Die Chilischote in sehr dünne Streifen schneiden. Die Limette waschen und halbieren. Butter in einer Pfanne erhitzen und die Garnelen mit einigen Spritzern Limettensaft für etwa 3 Minuten scharf anbraten. Anschließend herausnehmen und auf ein Küchentuch geben.

3) Danach die Zucchini, Tomaten, Frühlingszwiebeln und die Chilischote in die Pfanne geben und unter stetigem Wenden anbraten. Nach 3 Minuten die Garnelen wieder dazugeben. Einige Spritzer Limettensaft darüber geben. Mit Salz und Pfeffer würzen und für einige Minuten bei mittlerer Hitze weiter braten. Die Garnelenpfanne mit Petersilie bestreuen und servieren.

Erfrischende Hackfleischpfanne

KH 13g | EW 29g | F 31g

Zubereitungszeit:	*25 min*
Portionen:	*2*
Schwierigkeit:	*leicht*

Zutaten

- 250g Hackfleisch (gemischt)
- 100g Tomaten
- 100g Naturjoghurt (3,5% Fett)
- 50g Zwiebeln
- 25g Pinienkerne
- 15g Minze
- Chiliflocken
- Muskatnuss
- Paprikapulver (edelsüß)
- Meersalz und Pfeffer

Zubereitung

1) Die Tomaten waschen und in kleine Würfel schneiden. Dann die Zwiebel schälen und ebenfalls in Würfel schneiden. Die Minze waschen, abtrocknen und klein hacken.

2) Etwas Butter in einer Pfanne erhitzen und die Zwiebeln darin andünsten. Nun das Hackfleisch dazugeben und unter stetigem Wenden braten.

3) Danach das Hackfleisch mit den Chiliflocken, Pfeffer, Paprikapulver, Muskatnuss und Salz würzen. Die Tomaten dazugeben und alles bei mittlerer Hitze etwa 10 Minuten weiter köcheln lassen.

4) Währenddessen in einer kleinen Schüssel den Joghurt mit der gehackten Minze verrühren, mit Salz und Pfeffer würzen. Die Pinienkerne in einer anderen Pfanne ohne Öl rösten bis sie goldbraun sind. Dann die Pinienkerne in den Joghurt einrühren. Dann mit einigen Spritzern Limettensaft abrunden.

5) Die Hackpfanne auf zwei Tellern servieren und einen großen Klecks Joghurt dazu geben.

Bratwurst-Zucchini-Pfanne

KH 11g | EW 14g | F 27g

Zubereitungszeit: *25 min*
Portionen: *2*
Schwierigkeit: *leicht*

Zutaten
- 150g Zucchini
- 50g Zwiebel
- 15g Petersilie
- 2 Bratwürste
- 1 Limette
- etwas Olivenöl
- Meersalz und Pfeffer

Zubereitung

1) Die Zucchini waschen, halbieren und in etwa 1cm dicke Scheiben schneiden. Anschließend die Zwiebel von der Schale befreien und würfeln.

2) Die Petersilie waschen, trocken schütteln und klein hacken. Die beiden Bratwürste in Scheiben schneiden.

3) Dann die Butter in einer Pfanne erhitzen und die Bratwürste anbraten bis sie goldbraun sind. Anschließend aus der Pfanne nehmen und auf einem Küchentuch abtropfen lassen.

4) Danach die Zwiebel in der gleichen Pfanne andünsten. Die Zucchinischeiben mit in die Pfanne geben und alle Komponenten bei mittlerer Hitze für etwa 10 Minuten braten.

5) Nun die Bratwurststücke wieder in die Pfanne geben, mit der Petersilie bestreuen und ordentlich Limettensaft dazugeben. Alles gut durchmischen und mit Salz und Pfeffer abschmecken.

Caesar Salat mit Hähnchenbrustfilet

KH 29g | EW 62g | F 75g

Zubereitungszeit:	*25 min*
Portionen:	*2*
Schwierigkeit:	*leicht*

Zutaten

- 300g Hähnchenbrustfilet
- 300g Romanasalat
- 250g Avocado
- 50g Bacon
- 50g Parmesan (gerieben)
- 2 Eier Größe M
- 2 EL Mayonnaise
- 2 EL Worcester Sauce
- 2 TL Senf
- 2 EL Olivenöl
- 1 Zitrone
- Meersalz und Pfeffer

Zubereitung

1) Den Salat waschen und abtropfen lassen. Die einzelnen Salatblätter klein schneiden. Die beiden Eier in kochendem Wasser 10 Minuten lang hart kochen, abschrecken, von der Schale befreien und vierteln. Die Avocado waschen, halbieren und entkernen. Das Fruchtfleisch von der Schale befreien und in dünne Streifen schneiden.

2) Das Hähnchenbrustfilet waschen und abtupfen. Das Öl in einer Pfanne erhitzen und das Fleisch von beiden Seiten etwa 8 Minuten anbraten. Dann das Fleisch abkühlen lassen und in Streifen schneiden. In der zuvor verwendeten Pfanne den Bacon kross anbraten und auf einem Küchentuch abtropfen lassen. Für das Dressing Mayonnaise, Senf, Olivenöl, Worcester Sauce und etwas Zitronensaft vermischen. Mit Salz und Pfeffer würzen.

3) Den Salat mit dem Ei, den Hähnchenstreifen, dem Bacon und den Avocadostreifen auf je einem Teller anrichten. Parmesan über die Salate streuen und zum Schluss das Dressing über den Salaten verteilen.

Zucchininudel Carbonara

KH 10g | EW 27g | F 18g

Zubereitungszeit:	*25 min*
Portionen:	*2*
Schwierigkeit:	*leicht*

Zutaten

- 300g Zucchini
- 100g Kochschinken
- 100ml Sahne
- 50g Zwiebel
- 25g Parmesan (gerieben)
- 2 Eier Größe M
- Meersalz und Pfeffer

Zubereitung

1) Die Zucchini waschen und trocknen. Dann mit einem Spiralschneider lange Zucchininudeln herstellen. Den Schinken in kleine Würfel schneiden.

2) Die Zwiebel von der Schale befreien und würfeln. Anschließend Olivenöl in einem kleinen Topf erhitzen und die Zwiebel darin andünsten.

3) Nun den Schinken dazugeben und anbraten. Dann die Sahne dazu geben. Die beiden Eier hinzugeben und alles kurz aufkochen lassen.

4) Nach dem Aufkochen die Zucchininudeln und den Parmesan in den Topf geben und alle Zutaten vermischen. Für einige weitere Minuten unter stetigem Rühren bei mittlerer Hitze köcheln lassen bis der Käse geschmolzen ist.

5) Die Zucchininudeln Carbonara auf zwei Teller verteilen und genießen.

Hackfleischsuppe

KH 14g | EW 28g | F 28g

Zubereitungszeit: *25 min*
Portionen: *2*
Schwierigkeit: *leicht*

Zutaten

- 200g passierte Tomaten
- 250g Hackfleisch (gemischt)
- 150g Paprika (rot)
- 150ml Gemüsebrühe
- 100g Sahne
- 100g Cherrytomaten
- 100g Champignons
- 100g Frischkäse
- 50g Zwiebel
- 15g Basilikum
- etwas Oregano
- etwas Olivenöl
- Meersalz und Pfeffer

Zubereitung

1) Als Erstes Zucchini, Champignons, Paprika und Cherrytomaten waschen, abtrocknen und klein schneiden. Die Cherrytomaten halbieren, die Champignons vierteln.

2) Die Zwiebeln klein hacken, etwas Olivenöl in einer tiefen Pfanne erhitzen und die Zwiebeln darin anschwitzen. Dann das Hackfleisch dazugeben und unter stetigem Rühren braten. Nun das zuvor gehackte Gemüse dazugeben und anbraten.

3) Dann die passierten Tomaten, die Sahne und den Frischkäse in die Pfanne geben, alles gut umrühren und aufkochen lassen. Mit etwas Oregano, Meersalz und Pfeffer würzen. Die Gemüsebrühe dazugeben und für weitere 10 Minuten bei schwacher Hitze köcheln lassen.

4) Zu guter Letzt den Basilikum waschen, klein hacken und in die Hacksuppe einrühren. In zwei Schüsseln servieren und genießen.

Gemüsepfanne

KH 22g | EW 5g | F 1g

Zubereitungszeit: *20 min*
Portionen: *2*
Schwierigkeit: *leicht*

Zutaten
- 200g Paprika (rot)
- 150g Cherrytomaten
- 150g Bohnen
- 150g Karotten
- 50g Zwiebel
- 50g Lauchzwiebel
- etwas Butter
- Meersalz und Pfeffer

Zubereitung

1) Zuerst die Paprika waschen, halbieren und entkernen. Dann in dünne Streifen schneiden. Danach die Cherrytomaten waschen und halbieren. Lauchzwiebel ebenfalls waschen und klein hacken. Die Karotten schälen und in etwa 1cm dicke Scheiben schneiden.

2) Jetzt die Bohnen waschen und die Enden abschneiden. Wasser zum Kochen bringen und die Bohnen etwa 6 Minuten kochen lassen. Das Wasser abgießen und die Bohnen abtropfen lassen.

3) Anschließend die Zwiebel von der Schale befreien und klein hacken. Die Butter in einer Pfanne erhitzen und darin die Zwiebel für etwa 3 Minuten andünsten.

4) Zu guter Letzt die Karotten und Paprika in die Pfanne geben und 5 Minuten unter stetigem Wenden braten. Dann die Bohnen, Lauchzwiebeln und Cherrytomaten dazugeben und für weitere 3 Minuten braten. Mit Meersalz und Pfeffer abschmecken und servieren

Lachsfilet im Speck mit Gemüsepfanne

KH 23g | EW 46g | F 44g

Zubereitungszeit:	*20 min*
Portionen:	*2*
Schwierigkeit:	*leicht*

Zutaten

- 250g Lachsfilet
- 200g Brokkoli
- 200g Champignons
- 100g Bacon (in Scheiben)
- 100g Fetakäse
- 50g Zwiebel
- 50g Lauchzwiebel
- etwas Chiliflocken
- Meersalz und Pfeffer

Zubereitung

1) Zuerst die beiden Lachsfilets waschen und gründlich trocken tupfen. Danach beide Filets komplett mit dem Bacon umwickeln.

2) Dann das Gemüse waschen. Den Brokkoli in kleine Röschen teilen und die Zwiebel klein hacken. Die Lauchzwiebeln ebenfalls klein hacken und die Champignons in dünne Scheiben schneiden.

3) In einer Pfanne Olivenöl erhitzen und die Zwiebeln darin andünsten. Dann das restliche Gemüse dazugeben und für etwa 10 Minuten bei gelegentlichem Wenden auf mittlerer Hitze braten. Mit den Chiliflocken, Meersalz und Pfeffer würzen.

4) Während das Gemüse brät, in einer zweiten Pfanne Olivenöl erhitzen und die Lachsfilets von beiden Seiten scharf anbraten. Jede Seite mit etwas Salz und Pfeffer würzen.

5) Zu guter Letzt die Gemüsepfanne auf zwei Tellern servieren. Das Lachsfilet darauf betten und mit dem zerbröselten Fetakäse bestreuen.

Schmackhafter Avocado-Rucolasalat

KH 28g | EW 10g | F 30g

Zubereitungszeit: *10 min*
Portionen: *1*
Schwierigkeit: *leicht*

Zutaten

- 250g Avocado
- 150g Apfel
- 100g Rucola
- 30g Weintrauben
- 30g Walnusskerne
- 1EL Olivenöl
- Meersalz und Pfeffer

Zubereitung

1) Zunächst den Rucola gründlich mit heißem Wasser abwaschen. Den Apfel, die Avocado und die Weintrauben ebenfalls heiß abspülen.

2) Den Apfel vierteln, entkernen und anschließend in mundgerechte Stücke schneiden. Die Walnüsse grob hacken.

3) Die Avocado halbieren. Den Kern aus dem Fruchtfleisch lösen und anschließend auch das Fruchtfleisch. Das gelöste Fruchtfleisch in mundgerechte Stücke schneiden.

4) Den Rucola halbieren und in eine Schüssel geben. Anschließend mit den Weintrauben, der Avocado und dem Apfel garnieren.

5) Den Salat am Ende mit dem Olivenöl, Salz, Pfeffer und den Walnüssen abrunden. Den Salat gründlich vermengen und servieren.

Blumenkohlreis mit Ei

KH 18g | EW 23g | F 26g

Zubereitungszeit:	*25 min*
Portionen:	*2*
Schwierigkeit:	*leicht*

Zutaten

- 400g Blumenkohl
- 15g Minze
- 4 Eier Größe M
- 1 Zitrone

- 1 EL Sahne
- etwas Butter
- Meersalz und Pfeffer

Zubereitung

1) Den Blumenkohl mit warmen Wasser gründlich waschen und mit einem Küchenpapier trocken tupfen. Den Blumenkohl mit einer Reibe klein reiben. Dadurch bekommt dieser ein reisähnliches Aussehen.

2) Wenn der Blumenkohl komplett zu Reis verarbeitet wurde, diesen in ein sauberes Geschirrtuch geben und mit den Händen gründlich die Flüssigkeit ausdrücken. Dabei natürlich ein wenig aufpassen, dass der Blumenkohl nicht zu einer Pampe wird, sondern seine reisähnliche Struktur behält.

3) Etwas Butter in einem Topf schmelzen lassen. Den Blumenkohlreis hinzugeben. Die Zitrone mit heißem Wasser gründlich abwaschen. Den Blumenkohlreis, mit dem Saft der Zitrone vermengen. Das Ganze mit Salz und der gewaschenen, zerhackten Minze abrunden.

4) In einer mittelgroßen Schüssel die Sahne mit den Eiern gründlich verquirlen. Das Gemisch mit Salz und Pfeffer abschmecken. Eine Pfanne erhitzen und sobald diese heiß genug ist die Butter hineingeben. Ist die Butter zerlassen die Eiermasse hinzufügen. Wenn die Eiermasse zu stocken beginnt, kann diese gewendet und fertig gebacken werden.

5) Ist die Eiermasse fertig durchgebacken, kann das Omelett der Pfanne entnommen werden. Das Omelett in mundgerechte Stücke schneiden. Den Reis mit dem Ei garnieren und mit den Gewürzen abschmecken.

Thunfischsalat

KH 12g | EW 28g | F 26g

Zubereitungszeit: *15 min*
Portionen: *2*
Schwierigkeit: *leicht*

Zutaten

- 200g Thunfisch (eingelegt)
- 150g Avocado
- 20g Gemüsezwiebel
- 20g Cherrytomaten
- 2 EL Mayonnaise
- 1 Limette
- 1 TL Kapern (fein gehackt)
- Meersalz und Pfeffer

Zubereitung

1) Die Avocado mit warmen Wasser abspülen, halbieren und den Kern aus dem Fruchtfleisch lösen. Das Fruchtfleisch herauslösen und in mundgerechte Stücke schneiden. Die Limette mit heißem Wasser abwaschen, halbieren und die Avocado mit dem Limettensaft beträufeln.

2) Den Thunfisch öffnen, den Saft abgießen und danach den Thunfisch in einer Schale auseinanderzupfen. Gegebenenfalls danach noch mit einem Küchenpapier abtupfen. Die Tomaten gründlich mit warmem Wasser waschen und vierteln.

3) Die Gemüsezwiebel schälen und klein hacken. Den Thunfisch mit der Mayonnaise gründlich vermengen. Danach die Avocado, die Zwiebel und Tomaten hinzufügen. Alles gründlich miteinander vermischen.

4) Anschließend den Salat mit Pfeffer und Meersalz abschmecken und mit dem Limettensaft verfeinern. Die Kapern nach Belieben über den Salat geben, um diesen abzurunden.

Auberginen-Pizza

KH 25g | EW 25g | F 44g

Zubereitungszeit: *25 min*
Portionen: *2*
Schwierigkeit: *leicht*

Zutaten
- 400g Auberginen
- 300g Tomaten
- 125g Mozzarella
- 15g Basilikum
- 5g Oregano
- 1 Knoblauchzehe
- etwas Olivenöl
- Meersalz und Pfeffer

Zubereitung

1) Den Ofen auf 175°C vorheizen bei Ober- und Unterhitze. Die Auberginen mit warmem Wasser abspülen, die Enden entfernen und in gleichmäßige Scheiben schneiden. Die Scheiben auf ein, mit Backpapier ausgelegtes, Backblech legen und gut würzen. Die Tomaten abwaschen, mit einem sauberen Geschirrhandtuch abtrocknen und in mundgerechte Stücke schneiden.

2) Den Knoblauch schälen und durch eine Knoblauchpresse zerdrücken. Das Basilikum waschen und klein hacken. Etwas Oregano mit dem Olivenöl in einer Schüssel vermischen. Das Basilikum, die Tomaten und den Knoblauch zu der Ölmischung geben und anschließend würzen. Den Mozzarella aus der Packung nehmen und mit einem Küchentuch abtropfen. Klein schneiden und zur Seite stellen.

3) Die Tomatenmischung gleichmäßig auf die Auberginenscheiben verteilen. Den Mozzarella über die Auberginen verteilen, in den Ofen geben und ungefähr 10 Minuten backen, bis der Käse geschmolzen und die Aubergine nach Belieben weich genug ist.

4) Nach etwa 10 Minuten aus dem Ofen nehmen und nach Bedarf noch ein wenig ,mit dem Meersalz und dem Pfeffer, nachwürzen.

Fruchtiger Quinoa-Salat

KH 72g | EW 13g | F 84g

Zubereitungszeit:	*25 min*
Portionen:	*1*
Schwierigkeit:	*leicht*

Zutaten

- 250g Avocado
- 50g Quinoa
- 40g Blaubeeren
- 10 Paranüsse
- 5ml Ahornsirup
- 2 EL Olivenöl
- 1 Limette
- Meersalz und Pfeffer

Zubereitung

1) Den Quinoa in ein feines Sieb geben und gründlich mit Wasser abspülen, damit alle Bitterstoffe entfernt werden. In einen Topf geben und mit Wasser bedecken. In dem Wasser aufkochen lassen, dann für etwa 10 Minuten köcheln lassen, abgießen und abkühlen lassen.

2) Die Avocado und die Limette heiß abspülen. Die Avocado halbieren, den Kern entfernen und das Fruchtfleisch aus der Schale lösen. Anschließend in mundgerechte Stücke schneiden und mit dem Saft der halbierten Limette ausgiebig beträufeln, damit es keine braune Färbung des Fruchtfleisches gibt.

3) Die Blaubeeren abwaschen. Nach dem Waschen die Blaubeeren abtrocknen. Die Paranüsse grob hacken. Den Quinoa in eine Schüssel geben und mit ein wenig Limettensaft beträufeln. Die Avocado, die Beeren und die gehackten Nüsse nun hinzugeben und das Ganze mit dem Olivenöl, Salz und Pfeffer abschmecken. Nach Belieben kann das Ahornsirup ergänzt werden.

Asia Hühnchen mit Spargel

KH 30g | EW 41g | F 17g

Zubereitungszeit:	*25 min*
Portionen:	*2*
Schwierigkeit:	*leicht*

Zutaten

- 500g Spargel (grün)
- 300g Hähnchenbrustfilet
- 150ml Wasser
- 75g Schalotte
- 2 Knoblauchzehen
- 2 TL Honig
- 2 EL Sesamöl
- 1 Zitrone
- Meersalz und bunter Pfeffer

Zubereitung

1) Das Fleisch mit Wasser abspülen, mit einem Küchenpapier abtupfen und längs in dünne Streifen schneiden. Die Spargelstangen gründlich mit warmen Wasser abwaschen und nach Bedarf unten die Schale entfernen. Den Spargel in gleichmäßige Stücke schneiden. Den Knoblauch und die Schalotte schälen und in kleine Stücke schneiden.

2) Die Pfanne erhitzen und dann das Öl hineingeben. Sobald das Öl warm ist die Fleischstreifen darin anbraten. Mit Meersalz und buntem Pfeffer würzen. Sobald das Fleisch durch ist, aus der Pfanne nehmen und zur Seite stellen. Den Knoblauch und die Schalotte in die heiße Pfanne geben und darin anschwitzen. Anschließend die Spargelstücke ebenfalls in die Pfanne geben und kurz durchschwenken.

3) In einer Schüssel den Honig mit der Sojasauce und den 150ml warmen Wasser vermengen. Dann zu dem Spargel in die Pfanne geben. Die Zitrone gründlich mit heißem Wasser abwaschen, bis der Geruch der Zitrone gut rauskommt. Nun etwas Zitronenschale mit einer Reibe abreiben. Die Fleischstreifen mit in die Pfanne geben. Das ganze Gemisch dann mit dem Salz, dem Pfeffer und den Zitronenzesten abschmecken.

Lachs auf Spinat

KH 21g | EW 45g | F 34g

Zubereitungszeit:	*25 min*
Portionen:	*2*
Schwierigkeit:	*leicht*

Zutaten

- 400g Spinat
- 200g Lachsfilet (à 2 Filets)
- 1 Zitrone
- 1 Knoblauchzehe
- 1 EL Olivenöl
- 1 EL Honig
- etwas Muskat
- Salz und Pfeffer

Zubereitung

1) Den Spinat gründlich waschen und abtropfen lassen. Wasser in einen Topf geben und einen Dampfeinsatz hineinsetzen. Den Spinat hinzufügen und mit geschlossenem Deckel dämpfen bis zur gewünschten Konsistenz.

2) Eine Pfanne erhitzen und sobald diese warm ist etwas Öl hineingeben. Sobald das Öl warm ist, das Lachsfilet zunächst auf der Hautseite anbraten. Nach dem Umdrehen das Filet mit Honig beträufeln und gründlich würzen. Die Zitrone mit heißem Wasser abspülen. Mit einer Reibe etwas Zitronenschale abreiben, dann halbieren.

3) Den Spinat aus dem Dampfeinsatz nehmen, mit Muskatnuss, Salz und Pfeffer abschmecken. Dann den Spinat mit der abgeriebenen Zitronenschale verfeinern. Alle Komponenten gründlich miteinander vermengen.

4) Auf den Tellern ein Spinatbett anrichten. Auf diesem Spinatbett das Lachsfilet platzieren. Nun das Lachsfilet mit etwas Zitronensaft beträufelt und servieren.

Pfifferlinge an Thymian-Butter

KH 6g | EW 5g | F 17g

Zubereitungszeit:	*20 min*
Portionen:	*2*
Schwierigkeit:	*leicht*

Zutaten
- 500g Pfifferlinge
- 8g Thymian
- 3 EL Butter
- 2 Knoblauchzehen
- 1 Zitrone
- 1 TL Olivenöl
- etwas Muskat
- Salz und Pfeffer

Zubereitung

1) Die Pfifferlinge abwaschen und gründlich putzen. Die Zitrone mit heißem Wasser abspülen, dann mit einer Reibe etwas Zitronenschale abreiben. Den Zitronenabrieb erst einmal zur Seite stellen. Den Knoblauch schälen und durch eine Knoblauchpresse geben. Die Thymianblätter abwaschen, trocken schütteln und fein hacken.

2) Eine Pfanne erhitzen und sobald diese warm ist das Öl und die Butter hineingeben. Sobald die Butter komplett zerlassen ist, den gehackten Thymian und Knoblauch in die Pfanne geben. Anschließend die abgeriebene Zitronenschale hinzufügen und sobald die 3 Komponenten miteinander vermengt sind, die Pfifferlinge in die Pfanne geben und erneut alles gründlich vermengen. Die Hitze reduzieren und die Pfifferlinge langsam anbraten. Nach etwa 8 Minuten sollten die Pilze eine schöne Färbung und Konsistenz haben und können aus der Pfanne genommen werden.

3) Die Pfifferlinge gründlich mit Muskatnuss, Salz und Pfeffer abschmecken. Das Würzen langsam steigern, sodass das optimale Ergebnis erzielt wird und die Pilze weder zu salzig noch zu fad werden. Ist das optimale Ergebnis erreicht, kann das Gericht serviert werden

Lamm auf griechischem Salat

KH 28g | EW 83g | F 81g

Zubereitungszeit: 20 min
Portionen: 2
Schwierigkeit: leicht

Zutaten

- 200g Fetakäse
- 200g Tomaten
- 200g Salatgurke
- 100g Rucola
- 100g Romanasalat
- 100g Oliven
- 50g Gemüsezwiebel
- 8g Kapern
- 4 Lammsteaks
- 1 Zitrone
- 1 Knoblauchzehe
- etwas Weißweinessig
- etwas Olivenöl
- Meersalz und Pfeffer

Zubereitung

1) Den Romanasalat und den Rucola in mundgerechte Stücke zupfen und gründlich waschen. Die Salatgurke und die Tomaten ebenfalls abwaschen. Die Gurke schälen und beides in kleine Stücke schneiden. Die Zwiebel und den Knoblauch schälen und zerkleinern. Danach alle Zutaten in eine Schüssel geben. Mit den Oliven und Kapern vermengen. Den Fetakäse abtupfen und klein gewürfelt über den Salat geben.

2) Für das Dressing Olivenöl, den Saft einer gewaschenen Zitrone und den Weißweinessig in eine Schüssel geben und gut miteinander vermischen. Das Ganze danach abschmecken und über den Salat geben.

3) Eine Pfanne erhitzen, anschließend ein wenig Öl hineingeben. Die Lammsteaks in die Pfanne geben, sobald diese heiß genug ist. Die Steaks von beiden Seiten einige Minuten scharf anbraten. Sobald die Steaks fertig sind gut würzen und servieren.

Zucchinipuffer

KH 7g | EW 26g | F 48g

Zubereitungszeit:	*25 min*
Portionen:	*2*
Schwierigkeit:	*leicht*

Zutaten
- 200g Zucchini
- 100g Frischkäse
- 50g Räucherlachs
- 3 Eier Größe M
- 30g junger Spinat
- 30g Parmesan
- 5 EL Sonnenblumenöl
- 1 EL Apfelessig
- Meersalz und Pfeffer

Zubereitung

1) Den Backofen bei Ober- und Unterhitze auf 120°C vorheizen. Die Zucchini gründlich mit heißem Wasser waschen und abputzen. Anschließend mit einer Reibe grob raspeln. Die Raspeln mit einem Geschirrtuch auspressen. In einer Schüssel den Frischkäse, die Zucchini, 1 Eigelb und den geriebenen Parmesan vermengen und abschmecken. Den Spinat gründlich abwaschen, trocken tupfen und zunächst beiseite stellen.

2) Eine Pfanne erhitzen und bei geeigneter Wärme das Öl hineingeben. Die Zucchinimasse zu zwei gleichen Teilen in die Pfanne geben und zu runden Puffern formen. Sobald die Puffer nach etwa 2 Minuten goldbraun sind, diese aus der Pfanne nehmen. Mithilfe eines Küchentuchs abtupfen. Anschließend die Puffer in den Ofen geben und dort ausbacken lassen.

3) Einen Topf mit Wasser und Apfelessig erhitzen. Sind die Komponenten gründlich vermischt, von der Herdplatte nehmen. Die Eier jeweils in eine Tasse und dann vorsichtig in das heiße Wasser geben. Ist das Ei im Topf, diesen wieder auf die Herdplatte stellen und ungefähr 3 Minuten weiter köcheln lassen. Danach aus dem Wasser nehmen und abtropfen. Die Puffer mit dem Spinat, dem Räucherlachs und dem pochierten Ei belegen und abschmecken.

Pikante KO-TO Suppe

KH 21g | EW 20g | F 23g

Zubereitungszeit:	*25 min*
Portionen:	*2*
Schwierigkeit:	*leicht*

Zutaten

- 400g Tofu
- 400g Kokosmilch
- 250g Brokkoli
- 150g Paprika (rot)
- 100g Kaiserschoten
- 75g Schalotte
- 2 Knoblauchzehen
- 1 rote Chilischote
- 1 TL rote Currypaste
- etwas Olivenöl
- Salz und Pfeffer

Zubereitung

1) Den Brokkoli vom Stiel trennen und den gesamten Brokkoli gründlich mit heißem Wasser abwaschen. Den Stiel schälen und in dünne Scheiben schneiden. Den Tofu gründlich abtupfen und in kleine Würfel schneiden. Die Paprika mit heißem Wasser abwaschen, halbieren, das Kerngehäuse und den Stiel entfernen. In kleine Stücke schneiden.

2) Die Chilischote waschen und in dünne Ringe schneiden. Die Kaiserschoten abwaschen. Den Knoblauch und die Schalotte schälen und fein würfeln. Das Öl in einem Topf erhitzen und die gewürfelte Schalotte mit dem Tofu darin anbraten. Nach ungefähr 2 Minuten den Knoblauch, die Chilischote und die Currypaste hinzugeben und mit dem Tofu weiter anbraten. Nachdem die Mischung geköchelt hat, den Brokkoli, die Paprika und die Kaiserschoten hinzugeben und mit anbraten. Mit Koksmilch ablöschen.

3) Die Suppe abschmecken und 15 Minuten köcheln lassen. Sobald die Suppe nach Belieben gewürzt ist, die Suppe servieren.

Garnelen auf Ko-Nu

KH 15g | EW 12g | F 15g

Zubereitungszeit:	*20 min*
Portionen:	*2*
Schwierigkeit:	*leicht*

Zutaten

- 390g Konjak Nudeln
- 75g Paprika (rot)
- 75g Paprika (orange)
- 75g Frühlingszwiebeln
- 50g Champignons
- 12 Garnelen (essfertig)
- 2 Knoblauchzehen
- 1 rote Chilischote
- 1 EL Sesamöl
- Salz und Pfeffer

Zubereitung

1) Die Garnelen gründlich säubern und nach dem Waschen mit einem Küchenpapier sorgfältig abtrocknen. Den Knoblauch schälen und in kleine Stücke schneiden. Die Frühlingszwiebel und die Chilischote ebenfalls abwaschen und in dünne Scheiben schneiden.

2) Die Champignons gründlich abwaschen, mit einem sauberen Geschirrhandtuch abtrocknen und in Scheiben schneiden. Die Paprika mit warmen Wasser abwaschen, halbieren, entkernen und den Stiel entfernen. Danach in längliche Streifen schneiden und diese noch einmal halbieren.

3) Nun Wasser in einem Wasserkocher zum Kochen bringen. Damit die Nudeln in einem Sieb abspülen. Nach dem Abspülen die Nudeln in kochendem Wasser 1 Minute ziehen lassen. Eine tiefe Pfanne erhitzen. Sobald diese heiß genug ist das Sesamöl hineingeben. Die Garnelen mit der Chilischote und dem Knoblauch anbraten. Nach kurzer Zeit diese zur Seite schieben und so Platz für das weitere Gemüse machen. Dieses nun hinzufügen und die Garnelen für 2 Minuten untermischen. Mit Salz und Pfeffer nach Belieben abschmecken. Alles gemeinsam servieren.

Gazpacho

KH 14g | EW 4g | F 2g

Zubereitungszeit: 20 min
Portionen: 2
Schwierigkeit: leicht

Zutaten

- 400g reife Tomaten
- 200g Schmorgurke
- 150g Paprika (grün)
- 50g Gemüsezwiebel
- 15g Basilikum
- 3 Knoblauchzehen
- 1 EL Weinessig
- etwas Olivenöl
- Salz und Pfeffer

Zubereitung

1) Die Tomaten unter warmem Wasser häuten lassen. Danach vierteln und entkernen. Die Zwiebeln und den Knoblauch schälen. Beides klein würfeln und beiseite legen. Die Gurke und die Paprika gründlich mit warmem Wasser abwaschen, schälen, der Länge nach halbieren und die Kerne entfernen. Danach den Rest der Gurke klein würfeln. Die Paprika halbieren, den Stiel entfernen und das Kerngehäuse entfernen. Danach die Paprika in dünne Scheiben schneiden und erneut dritteln.

2) Ein Drittel des Gemüses klein würfeln und zur Seite legen. Der übrige Teil kann nun mit dem Essig und dem Olivenöl fein püriert werden. Dafür kann entweder ein Stabmixer oder ein Standmixer genutzt werden. Je nachdem was gerade im Haushalt verfügbar ist. Danach das Ganze mit Salz und Pfeffer abschmecken. Wenn alles gründlich vermengt ist, kann die Masse in ein Glas gefüllt werden.

3) Die Gazpacho kalt stellen, nach Belieben dem Kühlschrank entnehmen und in einer Schüssel servieren. Wenn der pürierte Teil auf die Gläser aufgeteilt ist, jeweils mit dem gewürfelten Gemüse garnieren. Nun kann die Gazpacho noch mit Basilikumblättern garniert werden.

Puten-Curry

KH 11g | EW 28g | F 12g

Zubereitungszeit: *25 min*
Portionen: *2*
Schwierigkeit: *leicht*

Zutaten

- 200g Putenbrustfilet
- 200g Bambussprossen
- 150ml Gemüsebrühe
- 150g Paprika (grün)
- 100ml Kokosmilch
- 50g Zwiebel
- 5g Ingwer
- 1 Knoblauchzehe
- 1 EL Curry
- 1 TL Sojasoße
- 1 TL Rapsöl
- Meersalz und Pfeffer

Zubereitung

1) In einem mittelgroßen Topf bei mittlerer Hitze die Kokosmilch und die Geflügelbrühe aufkochen lassen. Das Putenbrustfilet abwaschen, trocken tupfen und in kleine Stücke schneiden. Das Fleisch zu der Kokosmilch geben und ungefähr 10 Minuten ziehen lassen.

2) Den Knoblauch und den Ingwer schälen und klein hacken. Eine Pfanne erhitzen und sobald diese heiß genug ist das Rapsöl hineingeben. Den Ingwer, Knoblauch und das Currypulver darin anbraten. Die Fleischstücke aus dem Topf nehmen und abtropfen lassen. Die Kokosbrühe in die Pfanne geben und für ungefähr 10 Minuten köcheln lassen.

3) Die Paprika und die Bambussprossen gründlich abwaschen. Die Paprika halbieren, den Strunk und die Kerne entfernen. Beides in Stücke schneiden. Die Zwiebel gut schälen und klein schneiden. Alles in die Kokosmilch geben und anschließend auch die Fleischstücke wieder hineingeben. Die Mischung ungefähr 8 Minuten aufkochen lassen. Mit Salz, Pfeffer und Sojasoße abschmecken und dann servieren.

Avocado Steak Pfanne

KH 20g | EW 55g | F 30g

Zubereitungszeit:	*20 min*
Portionen:	*2*
Schwierigkeit:	*leicht*

Zutaten

- 350g Ribeye Steak
- 300g Kirschtomaten
- 250g Avocado
- 50g Zwiebel
- 10g Petersilie (getrocknet)
- 1 Limette
- etwas Olivenöl
- Salz und Pfeffer

Zubereitung

1) Zunächst die Tomaten gründlich abwaschen und anschließend in kleine Stücke schneiden. Die Zwiebel schälen und in grobe Stücke schneiden. Nun die Avocado halbieren und von ihrem Kern lösen. Anschließend das Fruchtfleisch aus der Schale lösen. Das herausgelöste Fruchtfleisch in Scheiben schneiden und nach Belieben mit dem Saft einer Limette beträufeln.

2) Nachdem alles in Stücke geschnitten ist, eine Pfanne erhitzen und Öl hinzugeben. Zunächst das Steak scharf von beiden Seiten, etwa 2 Minuten lang, anbraten. Währenddessen ein wenig mit Salz und Pfeffer würzen. Anschließend aus der Pfanne herausnehmen.

3) Die Tomaten- und Zwiebelstücke in die Pfanne mit dem Bratenfett geben und darin anbraten. Nachdem die Zwiebel eine goldige Farbe angenommen hat, die Avocado und das Steak hinzugeben. Alle Komponenten kurz gemeinsam erhitzen lassen. Alles gut würzen und nach dem Rausnehmen aus der Pfanne mit etwas Petersilie bestreuen und direkt genießen.

Brokkoli-Käse-Nuggets

KH 17g | EW 11g | F 10g

Zubereitungszeit: *22 min*
Portionen: *2*
Schwierigkeit: *leicht*

Zutaten

- 300g Brokkoli
- 100g Gouda (gerieben)
- 50g Gemüsezwiebel
- 1 Scheibe Zwieback
- 1 Ei Größe M
- etwas Mandelmehl
- Salz und Pfeffer

Zubereitung

1) Den Backofen auf 180°C Umluft vorheizen und ein Backblech mit Backpapier auslegen. Gleichzeitig einen Topf mit Wasser zum Kochen bringen. Das Wasser leicht salzen, den Brokkoli vom Stamm trennen, gründlich abwaschen und anschließend in das kochende Wasser geben. So lange kochen bis der Brokkoli bissfest ist. Den Brokkoli abgießen und mit kaltem Wasser abschrecken, damit die grüne Farbe nicht verloren geht. Anschließend auf ein Küchentuch geben und abkühlen lassen.

2) Die Zwiebel schälen und in kleine Würfel schneiden. Den trockenen Brokkoli fein hacken, gemeinsam mit dem Ei und dem Käse in eine Schüssel geben, gut miteinander vermengen. Den Zwieback zerdrücken und der Masse hinzufügen. Mit 2 EL Mandelmehl ergänzen. Falls die Masse zu nass sein sollte, noch mehr Mandelmehl hinzugeben. Die Masse abschmecken und aus je 2 EL kleine Nuggets formen.

3) Wenn die ganze Masse gleichmäßig aufgeteilt wurde und die Nuggets auf dem Backblech liegen, diese für etwa 10-12 Minuten in den Backofen geben. Dabei ist es wichtig, dass man stets ein Auge darauf hat. Anschließend können die Nuggets mit einem Frischkäsedip serviert und genossen werden.

Zucchini Pommes

KH 11g | EW 18g | F 20g

Zubereitungszeit:	*20 min*
Portionen:	*2*
Schwierigkeit:	*leicht*

Zutaten

- 400g Zucchini
- 40g Parmesan (gerieben)
- 40g Mandeln (gemahlen)
- 1 Prise Curcuma
- 1 Prise Curry
- 1 Ei Größe M
- Kräuter nach Wahl
- Meersalz

Zubereitung

1) Ein Backblech mit Backpapier vorbereiten und den Ofen auf 220°C Umluft vorheizen. Nun die Zucchini in kleine Streifen schneiden. Am Ende soll eine Pommesform entstehen, dementsprechend ist es ratsam die Zucchini zu halbieren und danach erst in die gewünschte Form zu schneiden. Wenn beide Hälften in Stücke geschnitten sind, mit Meersalz würzen.

2) Anschließend eine Panade zusammen mischen. Dafür die gemahlenen Mandeln gemeinsam mit dem Parmesan und den Kräutern nach Wahl in eine Schüssel geben und gründlich vermischen. Damit noch mehr Geschmack entsteht und es eine schöne Farbe gibt, Curry und Curcuma hinzugeben.

3) In eine zweite Schüssel nun das Ei geben und anschließend die Zucchini Pommes darin wenden. Nachdem alle Stücke etwas abbekommen haben, fügen wir die Panade hinzu und wenden alle Pommes so lange darin bis alle bedeckt sind. Danach alle Pommes auf das vorbereitete Backblech legen.

4) Das Backblech in den vorgeheizten Ofen schieben und etwa 10 Minuten im Ofen goldbraun backen. Zum besseren Verzehr kann man einen Dip nach Wahl dazu servieren.

Sesam-Käse-Nuggets

KH 2g | EW 15g | F 26g

Zubereitungszeit: *20 min*
Portionen: *2*
Schwierigkeit: *leicht*

Zutaten
- 100g Camembert
- 1 Ei Größe M
- etwas Sesam (hell)
- etwas Mandelmehl
- etwas Olivenöl

Zubereitung

1) Ähnlich wie bei der Schnitzelzubereitung 3 Schalen bereitstellen, in denen sich Mandelmehl, ein Ei und Sesamsamen befinden. Das Ei muss mit einer Gabel verquirlt werden. Den Camembert in etwa 1 cm dicke Stücke schneiden.

2) Zunächst die Käsestücke in dem Mandelmehl wenden bis sie komplett mit Mehl bedeckt sind, um sie anschließend in die Schale mit Ei zu geben und auch dort wieder zu wenden. Zu guter Letzt den panierten Käse in die Schale mit Sesam geben und auch hier erneut drin wenden. Das ganze Prozedere wiederholen bis alle Käsestücke paniert sind. Alle fertigen Nuggets auf einem Teller sammeln.

3) In der Zwischenzeit eine Pfanne erhitzen und anschließend Olivenöl hineingeben. Dabei ist es wichtig zu beachten, dass der Herd lediglich auf mittlerer Stufe eingestellt ist. Nun die Nuggets nach und nach in die Pfanne geben und langsam braten. Nach kurzer Zeit wenden, sodass beide Seiten goldbraun sind.

4) Wenn die Nuggets fertig sind aus der Pfanne herausnehmen und auf einem Küchenpapier abtropfen lassen. Warm servieren, solange der Käse noch weich ist.

Avocado-Hummus

KH 25g | EW 10g | F 50g

Zubereitungszeit: *10 min*
Portionen: *2*
Schwierigkeit: *leicht*

Zutaten
- 250g Avocado
- 200g Kichererbsen
- 50ml Olivenöl
- 1 Knoblauchzehe
- ½ Bund Koriander
- Meersalz

Zubereitung

1) Die Kichererbsen in ein Sieb geben und abtropfen lassen. Anschließend in einen Topf geben und mit Wasser bedeckt etwa 10 Minuten köcheln lassen. Nach dem Köcheln durch ein Sieb abgießen und komplett abtrocknen mit einem Küchentuch.

2) Die Avocado halbieren, den Kern entfernen und das Fruchtfleisch rauslösen. Den Koriander gründlich waschen und anschließend trocken schütteln oder mit einem Küchenpapier vorsichtig abtupfen. Den Knoblauch schälen und in kleine Stücke schneiden.

3) Nun die Kichererbsen, die Avocado und den Knoblauch in einen Mixbehälter geben und mit einem Stabmixer fein pürieren. Danach noch die Korianderblätter hinzufügen und alles miteinander vermischen.

4) Nach dem Mixen den Hummus aus dem Mixbehälter nehmen und das Olivenöl unterrühren. Mit Salz abschmecken und servieren.

Brokkoli Salat

KH 21g | EW 23g | F 31g

Zubereitungszeit:	*15 min*
Portionen:	*1*
Schwierigkeit:	*leicht*

Zutaten

- 200g Brokkoli
- 75g Paprika
- 70g Fetakäse
- 10g Walnüsse
- 2 EL Naturjoghurt (3,5% Fett)
- 1 Limette
- Meersalz und Pfeffer

Zubereitung

1) Den Brokkoli vom Stiel trennen und gründlich abwaschen. Einen Topf mit Wasser befüllen, das Wasser zum Kochen bringen und den Brokkoli darin garen.

2) Nun die Paprika gründlich abwaschen und anschließend die Kerne und den Stiel entfernen. Die Paprika würfeln.

3) Die Walnüsse grob hacken. Die Limette mit heißem Wasser abspülen, etwas Schale abreiben und halbieren. Den Saft und die abgeriebene Schale mit dem Joghurt vermischen.

4) Die Paprika und den Brokkoli auf einen Teller oder in eine Schüssel geben und die Joghurtmischung darüber geben.

5) Zu guter Letzt nur noch den Fetakäse mit der Hand darüber zerbröseln und die Nüsse ergänzen. Wer möchte, kann nun noch mit Salz und Pfeffer den Salat würzen.

Av-Gu Suppe

KH 20g | EW 8g | F 15g

Zubereitungszeit:	*25 min*
Portionen:	*4*
Schwierigkeit:	*leicht*

Zutaten

- 500g Naturjoghurt (3,5% Fett)
- 300g Salatgurke
- 250ml Weißwein (trocken)
- 250g Avocado
- 50g Lauchzwiebel
- 1 Knoblauchzehe
- 1 TL Gemüsebrühe
- etwas Olivenöl
- Salz und Pfeffer

Zubereitung

1) Den Knoblauch schälen und fein hacken. Die Lauchzwiebel abwaschen, abtrocknen und in gleichmäßige Ringe schneiden. Beides zur Seite stellen. Die Gurke mit warmen Wasser abwaschen, abtrocknen und in grobe Würfel schneiden, bis auf ein kleines Stück. Dieses Stück fein zerkleinern.

2) Einen Topf erhitzen. Sobald der Topf warm ist, etwas Öl hineingeben und die Lauchzwiebelringe, Knoblauch und die groben Gurkenstücke hineingeben. Wenn alles angedünstet ist, mit Weißwein und ¼ Liter Wasser ablöschen. Die Brühe hinzufügen und alles miteinander vermengen. Nach dem Aufkochen 2 Minuten köcheln lassen.

3) Die Avocado mit heißem Wasser abspülen, halbieren, den Kern entfernen und das Fruchtfleisch herauslösen. Das Fruchtfleisch mit dem Gurkenmix und dem Joghurt vermischen und alles mithilfe eines Stab- oder Standmixers pürieren. Danach mit Salz und Pfeffer abschmecken. Nun kann die Suppe serviert werden. Nach Belieben kalt oder eher warm genießen, mit dem Lauchgrün und etwas Öl dekorieren.

Blumenkohlcouscous

KH 25g | EW 13g | F 24g

Zubereitungszeit:	*20 min*
Portionen:	*4*
Schwierigkeit:	*leicht*

Zutaten

- 425ml Kichererbsen
- 270g Kohlrabi
- 250g Blumenkohl
- 100g griechischer Joghurt
- 60ml Orangensaft
- 50g Gemüsezwiebeln
- 4 EL Obstessig
- 2 Knoblauchzehen
- 1 EL Honig
- etwas Olivenöl
- Salz und Pfeffer

Zubereitung

1) Den Blumenkohl mit warmen Wasser abwaschen und abtrocknen. Den Blumenkohl bis auf den Strunk klein reiben. Mit einem Küchentuch ausdrücken. Die Zwiebeln und den Knoblauch schälen und klein würfeln. Den Kohlrabi waschen, die Schale entfernen und in Streifen schneiden. Die Kichererbsen durch ein feines Sieb geben, damit sie abtropfen können. Mithilfe eines Küchentuchs kann dieser Vorgang beschleunigt werden.

2) Für das Dressing den Orangensaft, Essig und Honig miteinander in einer Schüssel vermengen. Dann noch 4 EL Öl mit untermischen und mit Salz und Pfeffer abschmecken.

3) Eine Pfanne erhitzen. Sobald diese warm ist etwas Öl hineingeben. Dann die Zwiebeln und den Knoblauch andünsten. Anschließend, die Kichererbsen und den Kohlrabi mit in die Pfanne geben. Alle Komponenten abschmecken. Den Blumenkohl mit dem Dressing durchmischen. Erneut abschmecken. Gemeinsam mit dem Joghurt und allen weiteren Zutaten servieren.

Steak mediterran

KH 12g | EW 60g | F 36g

Zubereitungszeit:	*10 min*
Portionen:	*1*
Schwierigkeit:	*leicht*

Zutaten

- 250g Rindersteak
- 100g Gurke
- 50g Fetakäse
- 30g Rucola
- 30g Cocktailtomaten
- 20g Oliven (grün)
- etwas Olivenöl
- Salz und Pfeffer

Zubereitung

1) Den Salat in Stücke zupfen und gründlich mit heißem Wasser abspülen. Auf ein Geschirrtuch geben und trocken tupfen. Danach in eine Schüssel geben.

2) Die Tomaten und die Gurke mit heißem Wasser abspülen. Nach dem Trocknen die Gurke schälen und in kleine Würfel schneiden. Die Tomaten je nach Größe halbieren oder sogar vierteln, den Strunk entfernen. Beides ebenfalls in die Schüssel zu dem Salat geben. Den Fetakäse mit einem Küchenpapier trocken tupfen, die gewünschte Menge abschneiden und klein würfeln. Die Oliven abgießen und falls sie zu groß erscheinen einmal halbieren. Beides ebenfalls mit in den Salat geben.

3) Dem Salat nun noch Olivenöl hinzufügen und ihn mit Salz und Pfeffer abschmecken und alles gründlich miteinander vermengen. Auf einem Teller anrichten.

4) Eine Pfanne erhitzen und sobald diese heiß genug ist Öl hineingeben. Danach das Steak von beiden Seiten 3-5 Minuten anbraten und auf das Salatbett geben. Die Zeit, je nach Geschmack, anpassen.

Tacco Tom-Mozz

KH 16g | EW 32g | F 25g

Zubereitungszeit:	*25 min*
Portionen:	*1*
Schwierigkeit:	*leicht*

Zutaten

- 100g Cherrytomaten
- 80g Zucchini
- 60g Mozzarellakugeln
- 50g Karotten
- 20g Kokosmehl
- 20g Parmesan (gerieben)
- 1 Ei Größe M
- Salz und Pfeffer

Zubereitung

1) Ein Backblech mit Backpapier belegen. Den Backofen auf 180°C Ober- und Unterhitze vorheizen. Die Zucchini und die Karotten abwaschen und trocknen. Die Karotten schälen und die Enden entfernen. Die Zucchini und die Karotten klein reiben. Würzen und die Flüssigkeit herausdrücken. Den Parmesan in eine Schüssel mit dem Kokosmehl geben und beides gründlich miteinander vermengen.

2) Zu der Mischung das Ei, die Karotten und die Zucchini geben. Alle Zutaten gut miteinander vermischen, mit Salz und Pfeffer würzen. Den Teig in gleichmäßige Fladen aufteilen, glatt rollen und auf das Backblech legen. 12 Minuten backen lassen.

3) Die Tomaten abspülen. Die Mozzarellakugeln abtropfen lassen und dann mit einem Küchentuch abtupfen. Die Tomaten und den Mozzarella in kleine Stücke schneiden. Alles in eine Schüssel geben und durchmischen.

4) Nach den 12 Minuten, das Blech herausnehmen und die Fladen gleichmäßig bis zur Hälfte mit der Tomaten-Mozzarella-Mischung bestücken. Nach dem Zusammenklappen der Taccos das Backblech erneut in den Ofen schieben und die Taccos 5 Minuten weiter backen lassen. Nach den 5 Minuten dem Ofen entnehmen und die Taccos servieren.

Suppe vom Rosenkohl

KH 15g | EW 11g | F 25g

Zubereitungszeit: *25 min*
Portionen: *1*
Schwierigkeit: *leicht*

Zutaten

- 200ml Gemüsebrühe
- 180g Rosenkohl
- 100g Kokosmilch
- 30g Zwiebeln
- 10g Ingwer
- 2g Currypulver
- 1 TL Butter
- etwas Zitronensaft
- Salz und Pfeffer

Zubereitung

1) Den Rosenkohl mit heißem Wasser waschen und putzen. Nach dem Abtrocknen den Rosenkohl halbieren. Die Zwiebel schälen und in kleine Stücke schneiden. Den Ingwer schälen und fein reiben. In einem Topf die Butter erhitzen. Darin die Zwiebeln glasig andünsten. Sobald die Zwiebeln glasig sind, Ingwer, Rosenkohl und Currypulver hinzugeben, kurz anbraten. Alles gut abschmecken und mit Gemüsebrühe ablöschen. Für 9 Minuten köcheln lassen.

2) Ein wenig Rosenkohl der Suppe entnehmen. Anschließend die Suppe mit der Kokosmilch auffüllen und etwa 8 Minuten köcheln lassen. Alles mit einem Stabmixer pürieren, mit Zitronensaft und Gewürzen abschmecken.

3) Die Erdnüsse auf einem Brett zerhacken und anschließend in einer erhitzen Pfanne, der Öl beigefügt wurde, gemeinsam mit dem entnommenen Rosenkohl anbraten bis diese leicht bräunlich sind. Nach dem Fertigstellen die Erdnüsse auf einem Küchenpapier von dem Öl befreien. Die Suppe in Schüsseln füllen und mit den Erdnüssen und gegebenenfalls dem Rosenkohl garnieren.

Desserts

Schokocheese

KH 30g | EW 42g | F 55g

Zubereitungszeit:	*10 min*
Portionen:	*1*
Schwierigkeit:	*leicht*

Zutaten

- 200g körnigen Frischkäse
- 125g Himbeeren
- 50ml Kokosmilch
- 20g Schokodrops (Zartbitter)
- 1 TL Ahornsirup

Zubereitung

1) Die Kokosmilch in ein Gefäß geben und entweder in der Mikrowelle oder in einem Topf erwärmen.

2) Den Ahornsirup hinzugeben und in die Milch einrühren.

3) Den Frischkäse ebenfalls hinzugeben und mit erwärmen. Dabei stets aufpassen, dass sich die Körner nicht auflösen.

4) Nun die Schokodrops mit hineingeben und alles zu einer gleichmäßigen Mischung verrühren.

5) Dann auf Schüsseln verteilen und mit den Himbeeren, die vorher gründlich abgewaschen wurden, garnieren und servieren.

Schoko-Avocadopudding

KH 21g | EW 17g | F 34g

Zubereitungszeit: *10 min*
Portionen: *1*
Schwierigkeit: *leicht*

Zutaten
- 100g Avocado
- 100ml Kokosmilch
- 75g Himbeeren
- 15g Eiweißpulver (Schokolade)
- 5g Kakaopulver (roh)
- 1 TL Stevia

Zubereitung

1) Die Avocado gründlich waschen, entkernen und das Fruchtfleisch in kleine Stücke schneiden.

2) Die Kokosmilch mit dem Schokoladeneiweißpulver, Stevia und dem Kakaopulver gründlich zu einer Masse vermischen.

3) Nun die eben hergestellte Masse und die Avocado in einen Mixer geben. So lange mixen bis die Masse eine cremige Konsistenz hat.

4) Die Himbeeren gründlich abwaschen. Den Pudding in die Schüssel geben, mit den Himbeeren garnieren und servieren.

Limetten-Pfirsichcreme

KH 20g | EW 20g | F 5g

Zubereitungszeit:	*7 min*
Portionen:	*2*
Schwierigkeit:	*leicht*

Zutaten

- 300g Naturjoghurt (3,5% Fett)
- 200g Quark
- 100g Pfirsich
- 1 Limette
- 1 TL Agavendicksaft

Zubereitung

1) Zunächst die Limette mit heißem Wasser gründlich abspülen, bis der Limettengeruch deutlich zu riechen ist. Mit einer Reibe etwas Schale abhobeln. Anschließend die Limette halbieren und eine Hälfte auspressen.

2) Die Pfirsiche ebenfalls gründlich waschen und abtropfen lassen. Danach die Pfirsiche halbieren, den Kern entfernen und in mundgerechte Stücke schneiden.

3) Nun den Joghurt und den Quark in ein Gefäß geben und gut miteinander vermischen. Den Limettensaft und die abgehobelte Schale dazugeben und das Ganze miteinander vermischen.

4) Wer es süßer mag, kann zusätzlich Agavendicksaft zu der Mischung geben. Am Ende dann noch die Limettencreme mit den Pfirsichstücken garnieren und anschließend servieren.

Heidelbeer-Käsecreme

KH 11g | EW 15g | F 5g

Zubereitungszeit:	*10 min*
Portionen:	*2*
Schwierigkeit:	*leicht*

Zutaten

- 200g Hüttenkäse
- 100g Naturjoghurt (3,5% Fett)
- 50g Heidelbeeren
- 10g Minze
- 1 Limette
- 1 TL Honig oder Agavendicksaft

Zubereitung

1) Die Heidelbeeren mit warmem Wasser gründlich abwaschen. Das Wasser sollte nicht kochend oder zu heiß sein, da es ansonsten passieren könnte, dass die Heidelbeeren zu weich werden.

2) Den Naturjoghurt gemeinsam mit dem Honig und den frischen Minzblättern vermengen. Anschließend etwa ¾ der Heidelbeeren ebenfalls hineinmischen. Zuletzt noch den Hüttenkäse hinzugeben.

3) Nun die restlichen Heidelbeeren vorsichtig unter die Masse heben und die Crème dann mit etwas Limettensaft abschmecken. Nachdem das Ganze in ein Gefäß zum Servieren gefüllt wurde noch mit einigen Minzblättern dekorieren.

Chiasamenpudding mit Blaubeeren

KH 16g | EW 13g | F 25g

Zubereitungszeit:	*20 min*
Portionen:	*2*
Schwierigkeit:	*leicht*

Zutaten

- 200ml Mandelmilch (ungesüßt)
- 100g Blaubeeren
- 70g Quark
- 50g Naturjoghurt (3,5% Fett)
- 30g Haselnüsse (gemahlen)
- 10g Chia Samen
- 5ml Agavendicksaft

Zubereitung

1) In einem Topf auf mittlerer Stufe die Mandelmilch aufkochen und anschließend 10 Minuten köcheln lassen. Nach dem Köcheln abkühlen lassen. Die Blaubeeren abwaschen und zu der mittlerweile abgekühlten Milch hinzugeben. Dann alles miteinander pürieren.

2) Nach dem Pürieren die Chia Samen und den Agavendicksaft unter die Milch rühren. Danach im Kühlschrank für etwa eine Stunde quellen lassen.

3) Nun den Joghurt mit dem Quark vermischen. Die Crème mit der Blaubeer-Chia Masse vermengen. Danach in Gläser füllen und den Pudding mit den gemahlenen Haselnüssen garnieren.

Zimtfladen

KH 5g | EW 23g | F 20g

Zubereitungszeit:	*25 min*
Portionen:	*2*
Schwierigkeit:	*leicht*

Zutaten
- 150g Frischkäse
- 4 Eier Größe M
- 5ml Ahornsirup
- 5g Zimt
- Prise Salz

Zubereitung

1) Zunächst den Backofen auf 180°C Ober- und Unterhitze vorheizen.

2) Eine Schüssel und ein Glas nehmen. Nun die Eier trennen. Das Eigelb kommt in die Schüssel, das Eiweiß kommt in das Glas. Zu dem Eigelb nun den Frischkäse hinzufügen, mit dem Salz und dem Zimt abschmecken. Das Eiweiß steif schlagen und anschließend unter die Eigelb-Mischung heben.

3) Ein Backblech mit Backpapier belegen und den Teig in gleich große Stücke aufteilen. Mehrere Fladen formen und noch ein wenig flach drücken. Je nachdem wie es am besten passt die Fladen kleiner oder größer gestalten.

4) Das Backblech für etwa 15 Minuten in den Backofen geben bis die Fladen eine schöne Farbe haben. Bei dem Servieren können die Fladen noch mit Zimt und Ahornsirup verfeinert werden.

Chia-Muffins mit Möhre

KH 15g | EW 8g | F 18g

Zubereitungszeit:	*25 min*
Portionen:	*12*
Schwierigkeit:	*mittel*

Zutaten

- 200g Karotten
- 200g Haselnüsse (gerieben)
- 120g Mandelmehl
- 15g Stevia
- 4 Eier Größe M
- 2 EL Chia Samen
- 1 Päckchen Backpulver
- Salz und Zimt

Zubereitung

1) Den Backofen auf 170°C Ober-und Unterhitze vorheizen.

2) Die Karotten mit warmen Wasser abspülen, anschließend schälen und die Enden entfernen. Dann eine Reibe zur Hand nehmen und die Möhren klein raspeln.

3) Die geraspelten Karotten in eine große Schüssel geben. Zu den Karotten die gemahlenen Haselnüsse und den Stevia geben und miteinander vermengen. Anschließend mit Salz und Zimt abschmecken. Nun noch die Eier unterrühren.

4) Zu guter Letzt das Mehl mit dem Backpulver vermengen und die Chia Samen hinzugeben. Diese Mischung dann unter die Karottenmasse geben und gründlich mit einrühren. 12 Muffinformen bereitstellen und dann den fertigen Teig auf die Formen verteilen.

5) Die Muffins in den Ofen geben und für etwa 15 Minuten backen lassen, anschließend entnehmen, kurz abkühlen lassen und dann genießen.

Brownies

KH 30g | EW 10g | F 16g

Zubereitungszeit:	*25 min*
Portionen:	*4*
Schwierigkeit:	*leicht*

Zutaten

- 55g Butter
- 40g Kakaopulver
- 30g Bitterschokolade
- 25g Schoko-Proteinpulver
- 15g Stevia
- 2 Eiweiß
- ½ TL Backpulver

Zubereitung

1) Den Ofen auf 170°C Ober- und Unterhitze vorheizen. Gleichzeitig ein Backblech bereitstellen.

2) Eine Schüssel und ein Glas zum Eiertrennen bereitstellen. Dann das Eiweiß vom Eigelb trennen. Das getrennte Eiweiß zu Eischnee schlagen. Die Bitterschokolade in kleine Stücke brechen und mithilfe eines Wasserbades oder in der Mikrowelle gemeinsam mit der Butter schmelzen lassen.

3) Das Kakaopulver unter die Butter-Mischung rühren und anschließend die restlichen Zutaten hinzugeben und alles gründlich miteinander vermischen. Den Eischnee vorsichtig unter die fertig gerührte Masse heben. Alles gründlich durchmischen.

4) In eine passende Auflaufform füllen, je nachdem wie dick man die Brownies haben möchte. Danach die Form in den vorgeheizten Ofen geben und dort für 15 Minuten backen lassen.

Rosen aus Äpfeln

KH 10g | EW 2g | F 10g

Zubereitungszeit: *25 min*
Portionen: *4*
Schwierigkeit: *leicht*

Zutaten

- 300g Apfel
- 100g Aprikose (auch aus der Dose)
- 4 Streifen Quark-Blätterteig
- 1 Zitrone
- etwas Wasser
- Zimt

Zubereitung

1) Den Backofen bei Ober- Unterhitze auf 200°C vorheizen. Gleichzeitig ein Backblech, Muffinformen und eine Schale mit kaltem Wasser bereitstellen. Den Apfel gründlich abwaschen, halbieren und das Kerngehäuse entfernen. Die Ober- und Unterseite sollten glatt sein, dementsprechend auch hier einen Schnitt machen. Den Apfel quer in dünne Scheiben schneiden. Die Scheiben umgehend in das kalte Wasserbad geben. Die Zitrone unter heißem Wasser gründlich abspülen, halbieren und dann den Saft in das kalte Wasser geben. Das Wasserbad für 3 Minuten in die Mikrowelle stellen, sodass die Apfelscheiben weicher werden.

2) Den Blätterteig in 4 gleich große Streifen schneiden. Die Aprikose abtropfen lassen, in kleine Stücke schneiden und über die ausgerollten Teigstreifen verteilen. Das Ganze mit Zimt verfeinern. An der langen Kante des Streifens ansetzten und die Apfelstücke der Länge nach überlappend der Kante entlang legen. Die Scheiben sollen zur Hälfte rausschauen. Wenn der Teigstreifen voll ist, auf keinen Fall eine zweite Reihe legen. Den Teig zuklappen, sodass die Äpfel fixiert sind und lediglich ein kleines Stück des Apfels zu sehen ist. Die Teigstreifen zusammenrollen und in die Muffinformen wie eine Rose geben.

3) Für etwa 13 Minuten backen bis sie eine goldbraune Färbung bekommen. Nach dem Herausnehmen die Rosen mit ein wenig Zimt verfeinern.

Kefir-Quark

KH 20g | EW 10g | F 6g

Zubereitungszeit:	*15 min*
Portionen:	*2*
Schwierigkeit:	*leicht*

Zutaten
- 300g Honigmelone
- 150ml Kefir
- 100g Magerquark
- 1 Zitrone
- 1 EL Ahornsirup
- 1 EL Kokosraspeln

Zubereitung

1) Eine Pfanne erhitzen. Sobald die Pfanne heiß genug ist, die Kokosraspeln hineingeben und diese ohne Fett rösten, anschließend auf einen Teller zum Abkühlen geben.

2) Die Melone halbieren und die Kerne entfernen. Dann die Schale entfernen und klein würfeln. Die Zitrone mit heißem Wasser gründlich abwaschen und anschließend die eine Hälfte in eine Schüssel auspressen. In diese Schüssel den Quark, den Kefir und den Ahornsirup untermischen. Alles gründlich miteinander verrühren.

3) Nachdem eine einheitliche Masse entstanden ist die Kokosraspeln mit untermischen und auch die Melonenstücke in die Schüssel geben. Das Ganze muss nun etwa 5 Minuten lang ziehen.

4) Sobald die Masse fertig gezogen hat, kann serviert werden.

Pfannkuchen

KH 5g | EW 20g | F 40g

Zubereitungszeit: *15 min*
Portionen: *4*
Schwierigkeit: *leicht*

Zutaten

- 200g Frischkäse
- 20g Mandeln (gemahlen)
- 8 TL Butter
- 6 EL Apfelmus
- 6 Eier Größe M
- 2 EL Kokosöl
- 1 TL Zimt

Zubereitung

1) Ein Pfanne erhitzen und sobald diese warm ist das Kokosöl in die Pfanne hineingeben. Nachdem das Kokosöl leicht erhitzt wurde, etwas abkühlen lassen.

2) In einer Schüssel den Frischkäse, die Mandeln, die Eier und den Apfelmus miteinander vermengen. Das Kokosöl mit hineingeben und alles gründlich verrühren. Anschließend mit Zimt abschmecken. In die bereits erhitzte Pfanne die Butter geben und diese komplett schmelzen lassen.

3) Nun kann der Teig Stück für Stück gebraten werden. Je nachdem welche Größe man haben möchte, kommen mehr oder weniger Portionen heraus. Die Pfannkuchen können mit Apfelmus oder Marmelade genossen werden.

Brombeer-Ricotta

KH 20g | EW 10g | F 10g

Zubereitungszeit:	*20 min*
Portionen:	*4*
Schwierigkeit:	*leicht*

Zutaten

-   250g Ricotta-Käse
-   200g Naturjoghurt (1,5% Fett)
-   150g Brombeeren
-   50g Haselnüsse (gehackt)
-   4 EL Stevia
-   1 Zitrone

Zubereitung

1) In einer Schüssel, den Ricotta und den Joghurt gründlich miteinander vermischen. Die Zitrone heiß abwaschen, etwas Schale abreiben, halbieren und den Saft mit dem Stevia zu der Mischung geben. So lange rühren bis eine homogene Masse entstanden ist.

2) Die Brombeeren gründlich mit warmem Wasser abwaschen. Es ist wichtig, dass das Wasser nicht heiß ist, da ansonsten die Struktur der Brombeeren zerstört werden kann und sie zu weich werden. Nach dem Waschen die Brombeeren gründlich abtrocknen. Falls diese zu groß sein sollten, einmal in der Mitte halbieren.

3) Dann geht es an das Schichten. In einem passenden Glas oder einer Schüssel abwechselnd eine Schicht Ricotta Crème, die abgeriebene Zitronenschale und die Brombeeren schichten. Dabei mit der Creme beginnen.

4) Nach der letzten Schicht Ricotta das Ganze mit Brombeeren und den gerösteten Haselnüssen garnieren. Auch die Haselnüsse können nach Belieben mit geschichtet werden.

Kokoscreme

KH 25g | EW 7g | F 50g

Zubereitungszeit:	*15 min*
Portionen:	*3*
Schwierigkeit:	*leicht*

Zutaten

- 400g griechischer Joghurt
- 200g Schlagsahne
- 50g Schokolade (Zartbitter)
- 40g Kokosraspeln
- 2 EL Stevia
- 1 EL Kokosöl
- Mark einer Vanilleschote

Zubereitung

1) In einer Schüssel die Schlagsahne steif schlagen. In einem Wasserbad oder der Mikrowelle das Kokosöl zusammen mit der Schokolade schmelzen.

2) In einer weiteren Schüssel den griechischen Joghurt, das Vanillemark, die Kokosraspeln und Stevia gründlich miteinander verrühren. Wenn alles zu einer einheitlichen Masse verrührt wurde, die steife Schlagsahne vorsichtig unterheben.

3) Nun eine passende Schüssel oder ein passendes Glas zur Hand nehmen und abwechselnd die Joghurtcrème und die Schokoladenmasse schichten. Nach der letzten Schicht Crème das Ganze mit der Schokomasse schön verzieren.

Kiwi-Ricotta

KH 30g | EW 16g | F 10g

Zubereitungszeit:	*20 min*
Portionen:	*2*
Schwierigkeit:	*leicht*

Zutaten

- 300g Stachelbeeren
- 125g Ricotta
- 100g Magerquark
- 100g Kiwi
- 100ml Mineralwasser
- 1 Zitrone
- etwas Süßstoff (flüssig)

Zubereitung

1) Die Kiwis gründlich von der Schale befreien und in Stücke schneiden. Die Stachelbeeren unter heißem Wasser abwaschen und mit einem Geschirr- oder Küchentuch abtrocknen.

2) Eine Zitrone ebenfalls mit heißem Wasser abwaschen, dann halbieren. Etwas Schale abreiben, die eine Hälfte zur Seite stellen, die andere Hälfte in eine Schüssel geben. Die Zitrone auspressen. Zu dem ausgepressten Zitronensaft die Kiwistücke und den Großteil der Stachelbeeren geben. Alles gründlich pürieren, sodass keine größeren Stücke mehr überbleiben. Mit flüssigem Süßstoff abschmecken.

3) In einer anderen Schüssel nun den Quark und den Ricotta mit dem Mineralwasser gründlich mischen. Ein wenig Zitronensaft und ein wenig abgeriebene Schale hinzugeben.

4) Nun kann das Dessert auch schon serviert werden, indem zwei Schalen genommen werden, in die zunächst die Ricottacrème gefüllt wird. Anschließend kommt eine Portion des Kiwipürees in die Mitte und mit den übrigen Stachelbeeren kann dann garniert werden. Gegebenenfalls noch einmal mit flüssigem Süßstoff nachsüßen.

Müsliriegel mit Kokos

KH 4g | EW 4g | F 13g

Zubereitungszeit:	*25 min*
Portionen:	*25 Riegel*
Schwierigkeit:	*leicht*

Zutaten

- 100g Haselnüsse (gehackt)
- 50g Kokosraspeln
- 50g Mandeln (gemahlen)
- 5g Stevia
- 3 Eier Größe M
- 2 TL Kakao
- 1 TL Zimt
- etwas Sesam
- Optional: Rosinen/ getrocknete Beeren

Zubereitung

1) Den Backofen auf 170°C Umluft vorheizen.

2) Währenddessen die Kokosraspeln, die Haselnüsse, die gemahlenen Mandeln, den Stevia, Zimt, die Eier und den Kakao in eine Schüssel geben und alles gut verrühren bis eine gleichmäßige Masse entsteht.

3) Anschließend ein kleines Backblech mit Backpapier bedecken. Falls kein kleines Backblech vorhanden ist, kann auch eine Auflaufform verwendet werden. Den Teig gleichmäßig verteilen und glatt streichen und danach nach Belieben mit der Verzierung (Sesam, Rosinen, Beeren o.ä.) garnieren.

4) Das Ganze nun für etwa 20 Minuten backen lassen. Nachdem die Riegel fertig durchgebacken sind, gut abkühlen lassen und anschließend in Stücke schneiden.

Matcha-Proteinriegel

KH 2g | EW 10g | F 3g

Zubereitungszeit: *7 min*
Portionen: *14 Riegel*
Schwierigkeit: *leicht*

Zutaten

- 200ml Milch (1,5% Fett)
- 160g Eiweißpulver
- 100ml Kokosmilch
- 20g Schokolade (Zartbitter)
- 7g Stevia
- 4 TL Matcha
- 1 Zitrone

Zubereitung

1) Zunächst die Kokosmilch mit der Milch vermischen. Anschließend folgen nach und nach der Stevia, der Zitronensaft, das Eiweiß- und Matchapulver. Alles in einer Schüssel gut miteinander vermischen in einer Schüssel bis eine zähe Masse entsteht.

2) Ein kleines Backblech (alternativ eine Auflaufform) mit Backpapier belegen und anschließend den Teig gleichmäßig darauf geben, sodass die Riegel eine gute Höhe haben (nicht zu dick und nicht zu dünn).

3) Anschließend das Backblech für 1-2 Stunden in den Gefrierschrank geben und die Masse gut auskühlen lassen.

4) Nun kann man die Bitterschokolade in einem Wasserbad schmelzen und die Riegel damit dekorieren. Wenn man darauf verzichten möchte, kann man das gerne machen.

5) Zu guter Letzt schneidet man die Masse in einzelne Riegel.

Quarkbällchen

KH 4g | EW 36g | F 21g

Zubereitungszeit: *25 min*
Portionen: *2*
Schwierigkeit: *leicht*

Zutaten

- 140g Quark
- 40g Eiweißpulver (neutral)
- 40g Mandelmehl
- 2 Eier Größe M
- 1 Packung Backpulver
- 1 TL Stevia
- Öl zum Frittieren

Zubereitung

1.) Den Quark mit dem Eiweißpulver, dem Mandelmehl, den Eiern, dem Backpulver und Stevia zu einem glatten Teig vermengen. Sollte der Teig krümeln, noch einmal mit den Händen glatt kneten.

2.) Nun aus dem Teig kleine Kugeln formen. Dabei reicht es vollkommen, wenn diese in etwa die Größe einer großen Murmel haben, da sie beim Frittieren nochmal deutlich an Größe zulegen werden.

3.) Ausreichend Öl (4-5 cm) in einer Pfanne, einem Topf oder in einer Fritteuse heiß machen. Die Bällchen dann mit einem Löffel nach und nach in das heiße Öl geben und frittieren, bis sie eine goldbraune Färbung haben.

4.) Anschließend aus dem Öl herausnehmen und auf einem Küchentuch abtropfen lassen. Dann mit etwas Süßstoff garnieren und anschließend servieren.

Raffaelos

KH 30g | EW 38g | F 45g

Zubereitungszeit:	*10 min*
Portionen:	*2*
Schwierigkeit:	*leicht*

Zutaten

- 300g Magerquark
- 150g Kokosflocken
- 100g Mandeln (ganz)
- 70g Mandeln (gemahlen)
- 1 Vanilleschote

Zubereitung

1.) In einer großen Schüssel alle Zutaten mit dem Mark einer Vanilleschote und 50g der Kokosflocken vermengen. So lange verkneten bis ein fester Teig entstanden ist. Die restlichen Kokosflocken und die ganzen Mandeln jeweils in eine Schale geben und zunächst zur Seite stellen.

2.) Sobald der Teig die gewünschte feste Konsistenz hat, können nun daraus kleine Kugeln geformt werden. In jeweils eine Kugel kommt eine Mandel. Sollte sie sich danach verformt haben erneut zu einer Kugel formen. Falls der Teig nicht fest genug ist, noch mehr gemahlene Mandeln oder einige Kokosflocken hinzugeben bis die Konsistenz gut zu verarbeiten ist.

3.) Nachdem der gesamte Teig zu kleinen Kugeln gerollt worden ist, jeweils in den Kokosflocken wälzen und dann servieren.

Zucchini-Sticks

KH 9g | EW 20g | F 45g

Zubereitungszeit: *25 min*
Portionen: *4*
Schwierigkeit: *leicht*

Zutaten

- 500g Zucchini
- 400g Bacon (Scheiben)
- 50g Gouda (gerieben)
- Gewürze: Thymian, Majoran, Oregano, Paprikapulver
- Etwas Olivenöl
- Meersalz und Pfeffer

Zubereitung

1) Zuerst den Backofen auf 180°C Ober- und Unterhitze vorheizen.

2) Die Zucchini gründlich mit heißem Wasser abwaschen und danach abtrocknen. Die Enden entfernen und der Länge nach in Streifen schneiden. Wenn kleinere Stücke erwünscht sind die langen Streifen erneut halbieren.

3) Die Marinade aus dem Öl und den Gewürzen mischen. Es können auch andere Gewürze genutzt werden als die hier vorgeschlagenen. Die Zutaten gut miteinander vermengen und die Zucchini gleichmäßig damit bestreichen. Nach dem Verteilen die Zucchini auf ein mit Backpapier ausgelegtes Backblech legen. Die Baconstreifen nun um die Streifen wickeln. Am Ende noch den Käse über die Streifen streuen und dann für etwa 15 Minuten in den Backofen geben.

Stangen mit Zimt

KH 2g | EW 4g | F 10g

Zubereitungszeit:	*25 min*
Portionen:	*12*
Schwierigkeit:	*leicht*

Zutaten

- 125g Mozzarella
- 80g Mandelmehl
- 70g Butter
- 1 Ei Größe M
- 1 TL Backpulver
- 1 TL Zimt
- etwas Stevia

Zubereitung

1) Den Ofen auf 180°C Ober- und Unterhitze vorheizen. In einer großen Schüssel das Mandelmehl, Stevia und das Backpulver vermischen. Den Mozzarella abtropfen lassen, mit einem Küchentuch trocknen und würfeln. In einen Topf den Mozzarella und 50g Butter hineingeben. Bei mittlerer Stufe die beiden Zutaten unter Rühren schmelzen lassen.

2) In einer weiteren Schüssel die restliche Butter zusammen mit dem Ei und dem Zimt vermengen. Dann die Mozzarella Mischung mithilfe eines Knethakens unterrühren. Das Backblech mit Backpapier auslegen, den Teig darauf geben und ausrollen. Den Teig nicht direkt mit dem Nudelholz ausrollen, sondern stattdessen zwischen Teig und Nudelholz eine Lage Frischhaltefolie legen.

3) Den Teig in gleich große Streifen schneiden und diese eindrehen. Die Vanille Mischung nun zum Einstreichen der Stangen nutzen. Das Backblech in den Ofen schieben und ungefähr 15 Minuten backen lassen. Danach können die Stangen dem Ofen entnommen werden. Falls gewünscht noch mit Zuckerguss oder Ahornsirup verfeinern.

Aprikosen-Hüttenkäse

KH 10g | EW 20g | F 10g

Zubereitungszeit:	*5 min*
Portionen:	*1*
Schwierigkeit:	*leicht*

Zutaten
- 150g körniger Frischkäse
- 40g Aprikose
- 5g Pistazienkerne
- 1 EL Magermilch-Joghurt
- 1 TL Honig

Zubereitung

1) Den körnigen Frischkäse in eine Schüssel geben und glatt streichen. Den Joghurt hinzufügen und alles gut durchrühren. Die Aprikose heiß abwaschen und dann in kleine Stücke schneiden. Den Kern entfernen und ebenfalls danach würfeln.

2) Die Pistazien in eine Schüssel geben und zerdrücken oder auf einem Brett mithilfe eines Messer klein hacken. Die Pistazien erst einmal zur Seite legen.

3) Die Frischkäse-Joghurt Mischung in eine Schüssel geben. Darüber den Honig verteilen. Alternativ geht auch Agavendicksaft oder Ahornsirup. Zu guter Letzt die zerhackten Pistazien über die Mischung geben. Das Ganze mit Aprikosenstücken verfeinern.

Käsebällchen

KH 1g | EW 3g | F 4g

Zubereitungszeit: 20 min
Portionen: 9
Schwierigkeit: leicht

Zutaten

- 100g Frischkäse
- 100g Fetakäse
- 30g italienische Kräuter
- Curry
- Salz und Pfeffer

Zubereitung

1) Den Fetakäse in eine Schüssel geben und zerbröseln. Den Frischkäse beifügen und beides mit einer Gabel gründlich vermengen.

2) Die Masse abschmecken und gut würzen. Es können auch andere Gewürze verwendet werden als angegeben. Die Kräuter ebenfalls der Masse hinzufügen. Nun aus der Masse gleichmäßig Bällchen formen. Es können je nachdem, welche Größe am besten gefällt, wenige Große oder mehrere Kleine sein.

3) Nachdem die komplette Masse zu Bällchen verarbeitet wurde bis zum Verzehr der Kugeln kalt zu stellen.

Knäckebrot mit Leinsamen

KH 4g | EW 1g | F 4g

Zubereitungszeit: 25 min
Portionen: 8
Schwierigkeit: leicht

Zutaten

- 8 EL Leinsamen
- 5 EL Wasser
- 2 EL Sesam
- 2 EL Gouda (gerieben)
- 1 EL Sonnenblumenkerne
- Paprikapulver
- Meersalz und Pfeffer

Zubereitung

1) Den Ofen auf 170°C Ober- und Unterhitze vorheizen. Eine große Schüssel nehmen und zunächst die Leinsamen hineingeben. Die Sonnenblumenkerne und den Sesam hinzufügen. Alles gut miteinander vermischen. Den Käse zu der Mischung geben und das Ganze mit dem Wasser ergänzen.

2) Nun den Teig, mit den Gewürzen, abschmecken und für ungefähr 10 Minuten quellen lassen bis der Teig zähflüssig wird. Sobald der Teig genug Zeit zum Quellen hatte, diesen auf ein mit Backpapier ausgelegtes Backblech legen und gleichmäßig ausrollen. Um den Teig ganz flach zu bekommen bietet es sich an einen nassen Teller zur Hilfe zu nehmen.

3) Wenn das Knäckebrot flach genug ist, das Backblech in den Ofen schieben und ungefähr 15 Minuten im Backofen backen lassen. Anschließend aus dem Ofen nehmen und direkt in gleichmäßige Stücke teilen. Erst nach dem Teilen erkalten lassen.

Flocken der Erdnuss

KH 8g | EW 35g | F 35g

Zubereitungszeit:	*20 min*
Portionen:	*2*
Schwierigkeit:	*leicht*

Zutaten

- 100g Sojaflocken
- 100g Erdnussmus
- 12 EL Wasser
- etwas Süßstoff (flüssig)
- Salz und Zimt

Zubereitung

1) Den Backofen bei Ober- und Unterhitze auf 200°C vorheizen.

2) Das Erdnussmus in eine Schüssel geben. Salz und Zimt hinzugeben und alles gut miteinander vermischen. Der Masse etwas Süßstoff untermischen. Am Ende noch Wasser hinzugeben. Alle Zutaten gründlich miteinander vermengen bis eine cremige Masse entsteht.

3) Sobald die cremige Masse fertig ist, die Sojaflocken mit untermischen. Am Ende sollen alle Flocken von der Erdnussmasse ummantelt sein. Ein Backblech mit Backpapier auslegen und die Flocken darauf verteilen. Das Backblech in den Ofen geben und dort die Flocken für ungefähr 10 Minuten rösten. Danach aus dem Ofen nehmen und abkühlen lassen.

Spinat-Taler mit Käse

KH 2g | EW 8g | F 7g

Zubereitungszeit:	*25 min*
Portionen:	*20*
Schwierigkeit:	*leicht*

Zutaten

- 500g Spinat
- 300g geriebener Gouda
- 50g Pinienkerne
- 3 Eier Größe M
- Meersalz und Pfeffer

Zubereitung

1) Einen Topf mit Wasser erhitzen. Den Spinat heiß abwaschen und dann in den Kochtopf geben, sobald das Wasser kocht. In dem Wasser den Spinat ungefähr 2 Minuten blanchieren. Danach durch ein Sieb abgießen, direkt in eine Schüssel mit kaltem Wasser geben und dann mit einem Geschirrtuch ausdrücken.

2) Den Backofen auf 180°C Ober- und Unterhitze vorheizen und ein Backblech mit Backpapier vorbereiten. Den Spinat in eine Schüssel geben, mit den Eiern und dem geriebenen Käse ergänzen. Alles gut miteinander vermischen. Anschließend noch die Pinienkerne der Masse beifügen. Wenn alles gründlich vermengt wurde mit Meersalz und Pfeffer abschmecken.

3) Sobald die Masse fertig ist, gleichmäßige Taler aus der Masse formen. Dabei ist es wichtig, dass diese nicht zu dick und nicht zu dünn sind. Alle Taler auf einem Backblech anordnen und ungefähr 10 Minuten backen lassen. Sobald die Taler fertig sind, diese aus dem Ofen nehmen und abkühlen lassen.

Flüssiger Cheesecake

KH 9g | EW 21g | F 4g

Zubereitungszeit:	*5 min*
Portionen:	*2*
Schwierigkeit:	*leicht*

Zutaten

- 300ml Wasser
- 250ml Buttermilch
- 250g Quark
- 2 TL Matcha
- 1 EL Stevia
- 1 Espresso
- 1 TL Zimt

Zubereitung

1) In einem Messbecher die Buttermilch mit dem Quark vermischen. Das Wasser hinzugeben und alles gründlich miteinander vermengen.

2) Den Espresso der Menge unterrühren und mit Matcha ergänzen. Sobald die ganze Mischung gründlich verrührt ist, mit ein wenig Stevia und Zimt abschmecken. Gleichmäßig auf Gläser verteilen und genießen.

3) Der Drink kann mit Beeren ergänzt werden, wenn man möchte. An Stelle von Espresso kann man auch Kakao nutzen, falls man Kaffee nicht mag.

Leichtes Sushi

KH 20g | EW 40g | F 50g

Zubereitungszeit: *10 min*
Portionen: *2*
Schwierigkeit: *leicht*

Zutaten
- 300g Gurke
- 250g Avocado
- 200g Lachs (geräuchert)
- 150g Frischkäse
- 150g Karotten
- 2 EL Sesam
- Eventuell Sojasoße, Wasabi, Ingwer

Zubereitung

1) Eine Alu- oder Frischhaltefolie auslegen. Den Lachs gleichmäßig darauf verteilen und noch ein wenig platt drücken. Sobald der gesamte Lachs verteilt ist, jedes Stück mit Frischkäse bestreichen. Dabei ist es wichtig nicht zu viel Frischkäse zu nutzen. Sobald der Frischkäse gleichmäßig verteilt ist, belegen.

2) Für den Belag die Karotten abwaschen, schälen und die Enden entfernen. Dann vierteln und falls die Größe noch nicht optimal sein sollte, dann noch einmal halbieren. Die Avocado mit heißem Wasser abwaschen, halbieren, den Kern entfernen und das Fruchtfleisch lösen. Das Fruchtfleisch in kleine Stücke schneiden. Die Gurke ebenfalls abwaschen und die Schale und Enden entfernen. Danach in passende Stücke schneiden.

3) Je nach Geschmack den Lachs belegen und dann aufrollen. Dabei ist es wichtig, dass die Stücke der Beläge nicht zu groß sind, sodass das Rollen leichter fällt. Zudem sollten die Rollen nur zur Hälfte belegt werden, da der Inhalt sonst rausquillt. Die Sushirollen in kleine Stücke schneiden.

4) Den Sesam in eine Schüssel geben, das Sushi darin wenden. Nach dem Anrichten mit Sojasoße, Wasabi oder ähnlichem genießen.

136

Vielerlei Chips

KH 13g | EW 45g | F 50g

Zubereitungszeit: *10 min*
Portionen: *1*
Schwierigkeit: *leicht*

Zutaten

- 100g Grünkohl
- 75g Sellerie
- 30g Parmesan (gerieben)
- 10 Scheiben Salami (klein)
- 2 TL Kokosöl
- Meersalz und Pfeffer

Zubereitung

1) Den Backofen auf 175°C bei Ober- und Unterhitze vorheizen.

2) 2 Backbleche mit Backpapier vorbereiten. Die Salamischeiben auf einem der Backbleche verteilen. Sollten die Scheiben zu groß sein, diese halbieren. Anschließend den geriebenen Käse über die Scheiben geben.

3) Den Sellerie gründlich mit warmen Wasser abwaschen und abtrocknen. Danach gründlich schälen und mithilfe einer Reibe klein reiben. Es ist wichtig, dass die Scheiben hauchdünn sind. Die Scheiben auf das zweite Blech geben, ohne dass sie übereinanderlappen.

4) Den Grünkohl auf dem gleichen Backblech wie den Sellerie ausbreiten. Mit Kokosöl bestreichen. Sowohl die Grünkohl- als auch die Sellerie Chips mit Meersalz bestreuen. Über die Grünkohlchips Parmesan streuen und beide Bleche in den Ofen geben.

5) Die Chips etwa 15 Minuten backen lassen. Wichtig: Es kann sein, dass die Chips unterschiedlich schnell backen, dementsprechend ist es wichtig, dass man den Backvorgang überwacht. Anstelle des vorgeschlagenen Gemüses, kann jedes Gemüse genutzt werden, um Chips daraus zu machen. Dabei ändert sich dann lediglich die Backzeit ein wenig. .

Smoothies

Grüner Power Smoothie

KH 20g | EW 8g | F 13g

Zubereitungszeit:	*10 min*
Portionen:	*2*
Schwierigkeit:	*leicht*

Zutaten

- 300ml Wasser
- 80g Avocado
- 60g Apfel (grün)
- 50g Kiwi
- 30g Spinat (frisch)
- 20g Petersilie
- 10g Chia Samen
- 2g Matchapulver
- 1 Limette

Zubereitung

1) Zuerst alle Zutaten waschen. Den Apfel, den Spinat, die Petersilie und die Limette waschen und abtrocknen.

2) Den Apfel in kleine Stücke schneiden. Die Petersilie waschen, trocken schütteln und klein hacken.

3) Dann die Avocado halbieren, entkernen und das Fruchtfleisch von der Schale lösen. Die Kiwi halbieren und ebenfalls das Fruchtfleisch von der Schale befreien.

4) Alles in einen Mixer geben. Die Limette waschen, etwas Schale abreiben und dann gemeinsam mit dem Saft in den Mixer geben. Anschließend das Matchapulver und die Chia Samen dazugeben. 300ml Wasser in den Mixer geben und alles ordentlich mixen. Je mehr Wasser verwendet wird, desto dünnflüssiger wird der Smoothie.

5) Auf zwei Gläser aufteilen und den grünen Power Smoothie genießen.

Rosa Kokossmoothie

KH 35g | EW 5g | F 30g

Zubereitungszeit: *10 min*
Portionen: *2*
Schwierigkeit: *leicht*

Zutaten

- 300ml Kokosmilch
- 120g Banane
- 100g Himbeeren
- 1 TL Zimt
- 1 Zweig Minze

Zubereitung

1) Die Minze und Himbeeren gründlich waschen und abtrocknen. Zusammen mit der Banane und der Kokosmilch in den Mixer geben und durchmixen.

2) Danach Zimt und Chia Samen dazugeben und weiter mixen.

3) Je nach Wunsch mehr Kokosmilch oder Wasser dazugeben, damit der Smoothie dünnflüssiger wird.

4) Den Kokossmoothie auf zwei Gläser verteilen und mit einigen Minzblättern und Himbeeren dekorieren.

Grüner Avocado Smoothie

KH 25g | EW 6g | F 20g

Zubereitungszeit:	*10 min*
Portionen:	*2*
Schwierigkeit:	*leicht*

Zutaten

- 300ml Wasser
- 160g Avocado
- 100g Spinat
- 60g Banane
- 50g Gurke
- 2g Matchapulver
- 1 Limette
- 1 Zweig Minze
- 1 Zweig Petersilie

Zubereitung

1) Zuerst die Avocado waschen, halbieren und entkernen. Das Fruchtfleisch von der Schale lösen und in den Standmixer geben. Die Limette waschen, halbieren und den Saft in den Mixer geben.

2) Die Gurke waschen, schneiden und ebenfalls in den Mixer geben.

3) Anschließend die Petersilie und Minze waschen, trocken schütteln und grob hacken. Zusammen mit der Banane und dem Matchapulver in den Mixer geben.

4) Nun 300ml Wasser dazugeben und alles gut durchmixen. Den Smoothie auf zwei Gläser verteilen und genießen.

Ingwer Spinat Smoothie

KH 30g | EW 6g | F 22g

Zubereitungszeit: *10 min*
Portionen: *2*
Schwierigkeit: *leicht*

Zutaten

- 300ml Mandelmilch
- 160g Avocado
- 60g Banane
- 50g Spinat
- 50g Kiwi
- 2 TL Ahornsirup
- 1 TL Ingwer
- ½ Limette

Zubereitung

1) Zunächst die Avocado waschen, halbieren und entkernen. Dann das Fruchtfleisch von der Schale lösen.

2) Nun den Spinat und die Limette waschen. Den Ingwer ebenfalls waschen und mit einer Reibe klein reiben. Dann die Kiwi halbieren und das Fruchtfleisch von der Schale lösen.

3) Alles in einen Standmixer geben. Die Limette auspressen und zusammen mit dem Ahornsirup in den Mixer geben. Dann noch Mandelmilch dazu geben und alles gut durchmixen.

4) Je nach Geschmack mehr Mandelmilch oder Wasser verwenden. Den Smoothie auf zwei Gläser verteilen und genießen.

Apfel Kiwi Smoothie

KH 30g | EW 5g | F 2g

Zubereitungszeit: *10 min*
Portionen: *2*
Schwierigkeit: *leicht*

Zutaten

- 300ml Wasser
- 200g Kiwi
- 150g Apfel (grün)
- 2g Matcha
- 2 TL Ahornsirup
- 1 Limette

Zubereitung

1) Als Erstes den Apfel waschen, entkernen, in kleine Stücke schneiden und in den Mixer geben.

2) Dann die Kiwi halbieren und mit einem Löffel das Fruchtfleisch von der Schale trennen.

3) Eine Limette waschen, halbieren und den Saft und komplett in den Mixer geben.

4) Das Wasser, die Kiwis, das Matchapulver und den Ahornsirup ebenfalls dazu geben und alles gut durchmixen.

5) Alternativ zum Wasser kann auch Mandel- oder Kokosmilch verwendet werden.

Orangen Papaya Smoothie

KH 30g | EW 5g | F 1g

Zubereitungszeit: *10 min*
Portionen: *2*
Schwierigkeit: *leicht*

Zutaten

- 300ml Wasser
- 300g Gurke
- 250g Papaya
- 180g Orange
- 30g Möhrengrün
- 1 Limette

Zubereitung

1) Die Orange und die Papaya waschen und schälen. Die Papaya dann in große Stücke schneiden. Die Gurke waschen und in grobe Stücke schneiden.

2) Das Möhrengrün zweier Karotten gründlich waschen. Alles in einen Mixer geben und dazu den Saft von einer Limette und 300ml Wasser geben.

3) Den Smoothie mixen bis er dickflüssig ist, je nach Geschmack etwas mehr Wasser dazugeben, damit der Smoothie dünnflüssiger wird.

Erdnuss-Schoko Smoothie

KH 7g | EW 20g | F 38g

Zubereitungszeit:	*10 min*
Portionen:	*2*
Schwierigkeit:	*leicht*

Zutaten

- 300ml Kokosmilch
- 30g Eiweißpulver (Schokolade)
- 20g Erdnüsse (ungesalzen)
- 2 EL Erdnussbutter
- 1 EL Kakaopulver (roh)
- 1 TL Zimt
- Meersalz

Zubereitung

1) Erst die Erdnüsse von ihrer Schale befreien oder gleich Erdnüsse ohne Schale verwenden.

2) Danach alle Zutaten in einen Mixer geben und 300ml Kokosmilch dazugeben. Je nach Geschmack etwas mehr Kokosmilch dazugeben, damit der Smoothie dünnflüssiger wird.

3) Mit einer Prise Meersalz und Zimt abschmecken und alles gut durchmixen.

Shake von der Haselnuss

KH 15g | EW 8g | F 12g

Zubereitungszeit:	*10 min*
Portionen:	*1*
Schwierigkeit:	*leicht*

Zutaten

- 150g Beeren (gemischt)
- 150g Naturjoghurt (3,5%)
- 100g Milch (3,5% Fett)
- 25g Haselnüsse
- 25g Eiweißpulver (Schokolade)
- 5g Kakaopulver
- 1 TL Stevia

Zubereitung

1) Die Milch mit dem Naturjoghurt vermengen und zu einer cremigen Masse rühren. Anschließend das Eiweiß- und Kakaopulver mit untermischen.

2) Nachdem alles zu einer Masse durchmischt wurde, ein wenig mit Stevia süßen und mit den Haselnüssen verfeinern. Das Ganze gut durchmischen oder anschließend einmal in den Mixer geben.

3) Die Beeren gründlich abwaschen. Sobald alles eine glatte Masse ergibt, den fertigen Shake mit den Beeren gemeinsam genießen. Wer es mag kann allerdings auch die Beeren in den Shake mit reinmischen.

14 Tage Plan

14 Tage Ernährungsplan

Der 14 Tage Ernährungsplan dient dir als Orientierung und Hilfe, um mit Low Carb zu starten. Jeder Tag besteht aus den drei Hauptmahlzeiten – Frühstück, Mittag- und Abendessen. Jeden zweiten Tag gibt es noch einen Snack und am 7. bzw. 14. Tag gibt es statt eines Snacks ein Dessert.

Jedes Rezept findest du in diesem Buch, auch die Low Carb Rezepte für Brownies und Raffaelos. So kannst du alles problemlos nachkochen. Natürlich kann ein Rezept jederzeit durch ein anderes Rezept ersetzt werden. Du solltest jedoch darauf achten, dass du kontinuierlich, über mehrere Wochen hinweg, die Low Carb Ernährung durchziehst. Jedoch solltest du nicht zu 100% auf Kohlenhydrate verzichten, es handelt sich schließlich nicht um eine NO Carb Ernährung. Viel Spaß beim Nachkochen!

1. Tag
Frühstück:	Morgendlicher Frischekick
Mittag:	Hackfleischsuppe
Abend:	Zucchinipuffer
Snack:	Vielerlei Chips

2. Tag
Frühstück:	Käse-Omelett
Mittag:	Blumenkohlreis mit Hähnchen
Abend:	Brokkoli Salat

3. Tag
Frühstück:	Omelett Pizza
Mittag:	Gurkensalat mit Erdnusssoße und Sesam
Abend:	Lachs auf Spinat
Snack:	Raffaelos

4. Tag
Frühstück:	Avocadostücke im Speckmantel
Mittag:	Rote Gemüse-Hackpfanne
Abend:	Thunfischsalat

5. Tag

Frühstück:	Morgendlicher Powerjoghurt
Mittag:	Bratwurst-Zucchini-Pfanne
Abend:	Fruchtiger Quinoa-Salat
Snack:	Käsebällchen

6. Tag

Frühstück:	Pilzomelett
Mittag:	Gemüsepfanne
Abend:	Puten-Curry

7. Tag

Frühstück:	Crêpe-Sandwich
Mittag:	Brokkoli-Steak-Pfanne
Abend:	Blumenkohlreis mit Ei
Dessert:	Brownies

8. Tag

Frühstück:	Avocado-Hähnchen-Omelett
Mittag:	Nudelpfanne mit Brokkoli
Abend:	Gazpacho
Snack:	Flüssiger Cheesecake

9. Tag

Frühstück:	Mit Lachs gefüllte Avocadohälften
Mittag:	Scharfe Garnelenpfanne mit Gemüse
Abend:	Zucchini Pommes

10. Tag

Frühstück:	Protein Waffeln
Mittag:	Salat mit gebackenem Ziegenkäse
Abend:	Steak mediterran
Snack:	Flocken der Erdnuss

11 Tag

Frühstück:	Geräucherter Lachs auf Low Carb Brot
Mittag:	Gefüllte Zucchini
Abend:	Garnelen auf Ko-Nu

12. Tag
Frühstück: Quinoa mit Ei und Avocado
Mittag: Erbsencremesuppe
Abend: Lamm auf griechischem Salat
Snack: Stangen mit Zimt

13. Tag
Frühstück: Protein-Sandwich
Mittag: Chilikoteletts mit Bohnen
Abend: Tacco Tom-Mozz

14. Tag
Frühstück: Heidelbeeren-Nuss-Müsli
Mittag: Wurstpfanne mit Champignons
Abend: Avocado-Steak-Pfanne
Dessert: Chiasamenpudding mit Blaubeeren

Super! 2 Wochen hast du es nun erfolgreich geschafft, dich Low Carb zu ernähren. Es war bestimmt nicht so schwer wie du zu Anfang gedacht hast. Damit kann es nun weitergehen. Wenn du am Ball bleibst, kannst du dich langfristig gesund ernähren und den Kilos den Kampf ansagen.

Bonusrezept

Das Pizzarezept des Covers. Da der Pizzateig länger als 25 Minuten dauert, konnte dieser leider nicht zu den anderen Rezepten in diesem Buch, allerdings kann man den Teig vorbereiten und dann einfach nur noch belegen. Schon dauert auch dieses Rezept nicht mehr allzu lange.

Blumenkohlpizzateig

KH 30g | EW 5g | F 1g

Zubereitungszeit:	*45 min*
Portionen:	*2*
Schwierigkeit:	*leicht*

Zutaten

- 400g Blumenkohl
- 200g Gouda
- 2 Eier Größe M
- 1 TL Olivenöl
- Meersalz

Zubereitung

1) Den Backofen bei Ober- und Unterhitze auf 180°C vorheizen. Den Blumenkohl abwaschen und klein raspeln, sodass die Konsistenz griesähnlich wird. In einer Schüssel den geriebenen Blumenkohl, den geriebenen Gouda und die Eier gründlich miteinander vermengen. Anschließend mit Salz abschmecken.

2) Sobald ein glatter Teig entstanden ist, diesen auf ein mit Backpapier ausgelegten Backblech geben und zu einem Pizzaboden formen und gut fest drücken. Den gesamten Pizzaboden mit Olivenöl bestreichen und ungefähr 20 Minuten backen lassen.

3) Nach 20 Minuten den Teig entnehmen und nach Lust und Laune belegen. Auf dem Cover wurde Tomatensoße als Grundlage verwendet. Darauf wurden dann grüner Spargel, geriebene Zucchini und Basilikum gelegt. Aber letztendlich ist das jedem selber überlassen. Nach dem Belegen muss das Blech erneut für 15 Minuten in den Ofen.

Ganz besonderes Dankeschön

Als besonderes Dankeschön erhältst du **völlig kostenlos täglich ein leckeres Low Carb Rezept – 14 Tage lang!**

Uns erreichen immer wieder Mails von begeisterten Lesern, deshalb kannst du uns **direkt** dein Feedback, deine Erfolgsstorys und Fotos von deinen schönsten Gerichten schicken. Der Facebook Messenger macht's möglich.

Scanne einfach den unteren Code mit deiner Facebook Messenger App ab und schon geht's los. Eine genaue Schritt-für-Schritt Anleitung findest du auf der nächsten Seite.

Schritt für Schritt Anleitung

1.) Öffne die **Facebook Messenger App** auf deinem Smartphone.

2.) Tippe oben rechts in der Ecke auf das **kleine Symbol mit dem „+" und der Person drauf.**

3.) Tippe jetzt oben links auf „**Code scannen**".

4.) Scanne den blau-weißen **Code auf der vorherigen Seite.**

5.) Es öffnet sich unsere „**Food Revolution**" Seite. Klicke unten auf den blauen Button mit „**Los geht's**".

6.) Jetzt erhältst du die erste Nachricht von uns mit einigen Hinweisen zum Datenschutz. Tippe unten auf den Button mit „**Weiter…**".

7.) Du erhältst die nächste Nachricht von uns. Tippe unten auf den Button mit „**Los geht's**" und schon bekommst du das erste Bonus Rezept.

Alternativ kannst du auch einfach auf den folgenden Link klicken (bzw. ihn in deinen Browser eintippen), um zu den Bonus Rezepten zu gelangen. Das eignet sich für alle, die die Messenger App nicht auf ihrem Smartphone installiert haben.

Link: **http://bit.ly/Bonusrezepte**

Dann einfach mit Schritt 5 starten :)

Schlusswort

Wir bedanken uns bei dir und wünschen dir viel Erfolg mit deiner Ernährungsumstellung! Low Carb hat unser Leben verändert und wir sind uns sicher, es wird auch dein Leben verändern und dir beim Abnehmen helfen. Wenn du deine Erfolge und positiven Erfahrungen mit diesem Buch teilst, hilfst du anderen Menschen dabei den gleichen Weg zu gehen wie du ihn gegangen bist. Manchmal kann es mühsam sein gewisse Dinge anzugehen und durchzuziehen. Aber letztendlich ist man nie allein. Es gibt immer Leute, die die gleichen Probleme und Schwachpunkte haben wie man selbst. Gerade was abnehmen betrifft, schaffen es wohl leider nur die Wenigsten, die überflüssigen Kilos zu verlieren und das Gewicht danach auch langfristig zu halten. Low Carb ist dabei keine herkömmliche Diät. Du musst auf nichts verzichten. Dadurch ist es uns leichter gefallen an uns zu arbeiten und dadurch wird es auch dir gelingen ENDLICH deine Ziele zu erreichen. Wir hoffen sehr dir mit diesem Buch den ersten Schritt in die richtige Richtung gezeigt zu haben und den Grundstein für eine langfristige Veränderung gelegt zu haben.

Du hilfst uns unglaublich, wenn du uns eine positive Rezension bei Amazon hinterlässt. Wie gesagt du hilfst damit auch anderen, indem du zeigst, was es dir gebracht hat! Einfach rezensieren. Es dauert nur eine Minute und wir bedanken uns bei dir schon mal im Voraus! :)

Viel Spaß beim Kochen und Abnehmen. DU KANNST DAS UND DU SCHAFFST DAS AUCH!

Food Revolution

Kleiner Tipp

Weitere Bücher von Food Revolution.

Smoothies zum Abnehmen: Die Smoothie Diät – 1KG abnehmen pro Woche. 111 Smoothie Rezepte zum schnellen Abnehmen, Entschlacken und Entgiften. Inklusive Nährwertangaben und 14 Tage Challenge.

Das 5:2 Diät Kochbuch: 111 Rezepte für das 5:2 Fasten. Intermittierendes Fasten, Intervallfasten und Kurzzeitfasten einfach erklärt. Inklusive 14 Tage Challenge und Nährwertangaben.

111 Dutch Oven Rezepte- Dutch Oven Kochbuch für Begeisterte der Outdoor Küche. Draußen, am Lagerfeuer, beim Camping oder Zuhause kochen mit dem Black Pot. Inklusive Nährwertangaben.

Rechtliches

Haftungsausschluss

Die Benutzung dieses Buches und die Umsetzung der darin enthaltenen Informationen erfolgt ausdrücklich auf eigenes Risiko. Haftungsansprüche gegen den Autor für Schäden materieller oder ideeller Art, die durch die Nutzung oder Nichtnutzung der Informationen bzw. durch die Nutzung fehlerhafter und/oder unvollständiger Informationen verursacht wurden, sind grundsätzlich ausgeschlossen. Rechts- und Schadenersatzansprüche sind daher ausgeschlossen. Das Werk inklusive aller Inhalte wurde unter größter Sorgfalt erarbeitet. Der Autor übernimmt jedoch keine Gewähr für die Aktualität, Korrektheit, Vollständigkeit und Qualität der bereitgestellten Informationen. Druckfehler und Falschinformationen können nicht vollständig ausgeschlossen werden. Der Autor übernimmt keine Haftung für die Aktualität, Richtigkeit und Vollständigkeit der Inhalte des Buches, ebenso nicht für Druckfehler. Es kann keine juristische Verantwortung sowie Haftung in irgendeiner Form für fehlerhafte Angaben und daraus entstandenen Folgen vom Autor übernommen werden.

Haftungsausschluss und allgemeiner Hinweis zu medizinischen Themen: Die hier dargestellten Inhalte dienen ausschließlich der neutralen Information und allgemeinen Weiterbildung. Sie stellen keine Empfehlung oder Bewerbung der beschriebenen oder erwähnten diagnostischen Methoden, Behandlungen oder Arzneimittel dar. Der Text erhebt weder einen Anspruch auf Vollständigkeit noch kann die Aktualität, Richtigkeit und Ausgewogenheit der dargebotenen Information garantiert werden. Der Text ersetzt keinesfalls die fachliche Beratung durch einen Arzt oder Apotheker und er darf nicht als Grundlage zur eigenständigen Diagnose und Beginn, Änderung oder Beendigung einer Behandlung von Krankheiten verwendet werden. Konsultieren Sie bei gesundheitlichen Fragen oder Beschwerden immer den Arzt Ihres Vertrauens! Wikibooks und Autoren übernehmen keine Haftung für Unannehmlichkeiten oder Schäden, die sich aus der Anwendung der hier dargestellten Information ergeben. Beachten Sie auch den Haftungsausschluss und dort insbesondere den wichtigen Hinweis für Beiträge im Bereich Gesundheit.

Quelle: wikibooks

Impressum

Food Revolution wird vertreten durch:

Alexander Reinhardt
Mundsburger Damm 26
22087 Hamburg
Deutschland

Coverbilder
Anna_Shepulova, Kesu01, fahrwasser, bhofack2, 4zeva, karandaev | depositphotos.com

Notizen

Die Notizen sollen dir dabei helfen besser mit diesem Kochbuch arbeiten zu können. Schreibe alles auf, was dir zu den Rezepten wichtig erscheint. Bewerte die einzelnen Rezepte nach deinem Geschmack und tracke deine Erfolge. Auch Einkaufslisten könnten hier Platz finden.

Wir haben aus eigener Erfahrung gelernt, dass es doch sinnvoll sein kann sich auch Kleinigkeiten zu notieren. Manchmal fallen einem beim Kochen gewisse Dinge auf oder andere Schritte fallen einem leichter als die hier vorgegebenen. Auch die Ergänzung von Zutaten kann nach Belieben etwas sein, was hier Platz finden kann. So hatten wir einige Male eine Gedächtnisstütze, die umso leckerer war. Alternativ kannst du den Platz auch als Ernährungs- oder Fitnesstagebuch nutzen.

Printed in Poland
by Amazon Fulfillment
Poland Sp. z o.o., Wrocław

87083511R00107